Koch

Die Transferstärke-Methode

Axel Koch

Die Transferstärke-Methode

Mehr Lerntransfer in Trainings und Coachings

Prof. Dr. Axel Koch ist Diplom-Psychologe und Professor für Training und Coaching an der Hochschule für angewandtes Management in Ismaning bei München. Er ist seit über 20 Jahren als
Trainer und Coach in der Weiterbildung tätig. Bekannt geworden ist er durch seinen Wirtschafts-Bestseller »Die Weiterbildungslüge«, den er 2008 unter dem Pseudonym Richard Gris veröffentlicht hat. Seine wissenschaftlich entwickelte Transferstärke-Methode gehört zu den Preisträgern beim Deutschen Weiterbildungspreis 2011.
Kontakt unter www.transferstaerke.com

Die QuickCheck-Version zur Ermittlung der Transferstärke finden Sie bei den Online-Materialien des Buches unter www.beltz.de.

Dieses Buch ist erhältlich als:
ISBN 978-3-407-36658-0 Print
ISBN 978-3-407-63097-1 E-Book (PDF)
ISBN 978-3-407-36691-7 E-Book (EPUB)

Lektorat: Dr. Erik Zyber
Herstellung: Michael Matl
Satz: publish4you, Bad Tennstedt
Druck und Bindung: Beltz Grafische Betriebe, Bad Langensalza
Umschlagkonzept: glas ag, Seeheim-Jugenheim
Umschlaggestaltung: Michael Matl
Umschlagabbildung: iStock © Murat Göçmen
Grafiken: enzwo Mediendesign, München
Printed in Germany

Weitere Informationen zu unseren Autoren und Titeln finden Sie unter: www.beltz.de

Inhaltsverzeichnis

Vorwort: Blinder Fleck beim Lerntransfer

Was sehen Sie, wenn Sie über eine Wiese gehen? Eine grüne Fläche, werden Sie sagen. Der Meinung war ich auch, bis ich das erste Mal mit meinem Schwiegervater zusammentraf. Ich merkte plötzlich, dass es da noch viel mehr zu entdecken gibt.

Mehr zu entdecken

Und so ist es auch beim Lerntransfer. Als Trainer dachte ich bis vor einigen Jahren noch, dass ich so ziemlich alles zu dem Thema kenne. Denn ich war stets auf der Suche danach, wie ich noch mehr Wirkung bei meinen Trainings erreichen kann. Bis sich mir im Jahr 2009 eine neue Perspektive auftat, die mich seitdem nicht mehr losließ. Es war eine Erkenntnis, die mich dazu brachte, über viele Jahre zu forschen, Studien durchzuführen und meinen speziellen Ansatz der Transferstärke an rund 2 500 Probanden zu entwickeln und immer wieder in meiner eigenen Trainingspraxis zu testen.

Doch der Reihe nach. Damit Sie meine Leidenschaft besser verstehen, möchte ich Ihnen kurz von meinem Schwiegervater erzählen.

Inspiration durch Schwiegervater

Als ich vor vielen Jahren meine Frau in Osnabrück kennengelernt habe, stand irgendwann der Zeitpunkt an, auch ihre Eltern kennenzulernen. Das Zusammentreffen mit potenziellen Schwiegereltern ist ja ohnehin ganz aufregend. Doch bei mir war das Kribbeln im Bauch noch eine Stufe stärker. Denn mein Schwiegervater hatte seinen drei Töchtern stets eingebläut: »Liebe Kinder, bitte bringt mir nicht als Freund jemanden mit nach Hause, der ...« Was er dann sagte, kann ich hier aus Gründen der politischen Korrektheit nicht wiedergeben. Denken Sie sich einfach etwas Schlimmes aus. Mit welcher Art von Mensch, sollte Ihre Tochter oder Ihr Sohn auf keinen Fall bei Ihnen aufwarten?

Dann kam die Steigerung: »Und zweitens auch keinen, der ...« Denken Sie an etwas noch Schlimmeres. Und schließlich das absolute No-Go. »Und Drittens: auf gar keinen Fall einen Psychologen!«

Na prima. Warum hatte ich nur Psychologie studiert? Ich hätte Chemiker werden sollen. Holland war in Not. Wie sollte ich meinem Schwiegervater vor die Augen treten. Was konnte ich nur tun, um sein Herz im Sturm zu erobern? Mein Gehirn raste. Leere!

Der Tag der ersten Begegnung nahte. Es war Ostern, und nach einem köstlichen Mahl in einem Restaurant gingen wir im Freeden spazieren, einem Teilstück des Teutoburger Walds. Ein Naturschutzgebiet mit Waldboden, Wiesen, vielen Buchen und zwei kleinen Bergen.

Sehen, was übersehen wird

Und da passierte es: »Schau mal Axel, wunderschön«, brach es euphorisch aus meinem Schwiegervater, ehemals Leiter eines Botanischen Gartens, heraus. Und ich tat das, was Psychologen am besten können: interessiert zuhören. Wir kamen nur im Schneckenschritt vorwärts. Denn überall wimmelte es von besonderen Blumen, die mein Schwiegervater alle persönlich begrüßte. Vor diesem Spaziergang hätte ich all diese Pflanzen gar nicht wahrgenommen – und wenn überhaupt, dann höchstens als Unkraut.

Seine Begeisterung steckte mich an. Dazu muss ich sagen, dass der Freeden ein Dorado für Botaniker ist. Denn es gibt ein hohes Vorkommen von sogenannten Frühblühern. Und mit jedem Schritt wurde ich sehender: »Axel, sieh mal, da oben. Ein Buschwindröschen. Und da, das Wald-Bingelkraut – Mercurialis perennis. Schön, schön, schön.« Wieder gefühlte zwei Zentimeter weiter bückte er sich unvermittelt: »Hier, da kann ich Dir was zeigen. Guck' Dir das an: diese Knöllchen.«

Diesen Nachmittag werde ich nicht vergessen. Nicht nur, weil mein Schwiegervater und ich uns gut verstanden haben. Nein, auch, weil er mir die Augen geöffnet hat. Seitdem gehe ich nicht mehr gedankenlos durch Wald und Natur, sondern sehe, was es da alles zu sehen gibt.

Und da sind wir bei dem Punkt, den ich eingangs erwähnt habe. Plötzlich hatte ich eine neue Perspektive auf die Welt gewonnen.

Neue Perspektive Transferstärke

Genau darum geht es mir auch, wenn Sie mein Buch lesen: dass Sie eine neue Perspektive auf ein sehr bekanntes Thema bekommen und damit verbunden eine neue Lösung erfahren, wie Sie den Lerntransfer Ihrer Teilnehmer fördern können. Auch für Ihre Teilnehmer bedeutet dies eine völlig neue Perspektive. Denn Sie können ihnen mit meinem Transferstärke-Ansatz die psychologischen Stellschrauben für den erfolgreichen Lerntransfer sichtbar machen. Und zwar so, dass jeder Teilnehmer seine ganz persönlichen Stärken und Risiken für den Transfer erkennt und somit weiß, wie er seinen Umsetzungserfolg sicherstellen kann.

Ich möchte erreichen, dass Seminare und Trainings viel mehr bringen als jetzt. Zu oft verpuffen die Impulse, wie Sie sicherlich aus leidvoller Erfahrung selbst wissen.

Diese Beobachtung war für mich vor einigen Jahren der Anlass, das Buch »Die Weiterbildungslüge« zu schreiben. Um aufzurütteln. Als Plädoyer gegen die Wirkungslosigkeit. Und um die gängigen Mechanismen in den Firmen sichtbar zu machen. Damals noch unter dem Pseudonym Richard Gris. Denn die Arbeit bei einer Unternehmensberatung erlaubte mir nicht, meinen wahren Namen zu nutzen. Das Buch kam 2008 auf den Markt und ist in vielen Firmen heute noch genauso aktuell wie damals.

Stellschrauben Lerntransfer

Helfen Sie mit, dass sich die heutige Trainingspraxis verändert. Ich lade Sie ein, das Thema Lerntransfer völlig neu zu denken und für mehr Wirkung zu sorgen.

Ich wünsche Ihnen eine inspirierende Lektüre.

Juli 2018, Axel Koch

Transferstärke: Die neue Perspektive

↗ 01

Täglich grüßt das Murmeltier

Beim Thema Lerntransfer muss ich an den Film »Täglich grüßt das Murmeltier« denken. Vielleicht kennen Sie auch diese herrliche Filmkomödie aus dem Jahr 1993. Bill Murray spielt darin einen egozentrischen TV-Wetteransager, der immer wieder ein und denselben Tag erlebt.

Lerntransfer seit über zehn Jahren Top-Thema

Angelehnt an den Filmtitel könnte es heißen: »Und täglich grüßt der mangelnde Lerntransfer«. Denn seit über zehn Jahren rangiert das Thema »Bildungsmaßnahmen transferförderlich gestalten« unter den Top 3 der Herausforderungen für Personalentwickler. Das zeigt sich in den scil-Trendstudien, die das swiss competence centre for innovations in learning (scil) der Universität St. Gallen in der Zeit von 2006 bis 2015 etwa alle zwei Jahre durchführte. Die St. Gallener befragten dabei jeweils rund 150 Bildungsverantwortliche aus verschiedensten Unternehmen aus der Schweiz, Deutschland und Österreich.

Transferförderung ist also seit Jahren der Spitzenreiter. Und das bedeutet, dass sich in dieser Hinsicht offenbar nicht viel in den Firmen geändert hat. Denn sonst wäre das Thema wohl kaum noch so weit oben auf der Agenda.

Aber warum hält sich dieses Problem so hartnäckig? Weil die Fort- und Weiterbildungspraxis in zahlreichen Unternehmen wie Beton erstarrt ist. Das bestätigt auch Ina Weinbauer-Heidel in ihrer Dissertation, in der sie untersucht hat, warum das bereits verfügbare Wissen aus der Lerntransfer-Forschung in der Praxis so wenig genutzt wird. Sie empfiehlt deshalb einen institutionellen Wandel, um Maßnahmen der Transfersicherung als Standard zu verankern.

Barrieren für die Transfersicherung

Dafür ist es wirklich höchste Zeit. Denn nach meiner Beobachtung halten sich sehr hartnäckig diverse Annahmen, die den Lerntransfer in den Unternehmen behindern. Da ist die Haltung »Viel hilft viel«, die für Sie als Trainer* zur Folge hat, dass Sie möglichst viel Stoff in ein Seminar hinein-

* Aus Gründen der Lesbarkeit verwende ich in dem Buch die männliche Form. Selbstverständlich sind beide Geschlechtsformen gleichermaßen und gleichberechtigt angesprochen.

packen. Denn die Zeit für Fortbildung ist knapp und die Teilnehmer sollen ja möglichst viel mitnehmen.

Besonders verbreitet ist die Vorstellung, dass Sie als Trainer schon alles richten werden. Sie sollen wie Supermann sein, der gutgelaunt bei Morgenröte in die Seminarräume einfliegt. Sie entzünden Menschen – selbst die, die lustlos und mit glasigem Blick im Stuhlkreis sitzen. Sei es, weil deren Chef sie geschickt hat oder weil das Ganze nach Arbeit und nicht nach Incentive riecht. Nach den Einwirkungen von Ihnen als Trainerkoryphäe, so die Annahme, geht der Teilnehmer erhellt und frohen Mutes an seine Arbeit und setzt um, dass einem die Freudentränen kommen.

Kommt Ihnen das irgendwie vertraut vor?

Oft denken Führungskräfte so, und Personalentwickler haben ihre Mühe zu vermitteln, dass Menschen keine Maschinen sind, die mit Wissen betankt werden können und danach wunschgemäß funktionieren.

Denkfehler: Jeder ist ein guter Lerner

Besonders ein Denkfehler sorgt dafür, dass gelernte Inhalte nicht umgesetzt werden. Er betrifft die unausgesprochene Annahme, dass alle erwachsenen Mitarbeiter eines Unternehmens eine hohe Lern- und Veränderungskompetenz besitzen und daher hervorragend in der Lage sind, selbstgesteuert zu lernen. Also: Sich nach einem Seminar zum Weiterlernen zu motivieren, nachzuarbeiten, sich gegebenenfalls Hilfe zu holen, wenn es nicht klappt, sich Übungs- und Anwendungsmöglichkeiten zu suchen und wie ein Piranha im Blutrausch so lange am Ball zu bleiben, bis neues Wissen und neue Fertigkeiten wie selbstverständlich im Arbeitsalltag umgesetzt sind.

Ein großer Irrtum. Das belegt die wohl größte Studie in Deutschland aus dem Jahr 2016 von Nele Graf an rund 10 000 Mitarbeitern. Auf der einen Seite haben die befragten Mitarbeiter verstanden, dass sich die Arbeitswelt rasant verändert und sie sich daher ebenfalls verändern müssen. So gut wie alle Teilnehmer (98 Prozent) geben an, sich der Bedeutung des Lernens aufgrund sich verändernder Anforderungen bewusst zu sein. Außerdem übernehmen 63 Prozent der Befragten gerne Verantwortung für ihre Weiterbildung.

Auf der anderen Seite scheitern sie aber bei ihren Lernbemühungen und der Umsetzung. So sehen nur 27 Prozent bei sich eine hohe Transferfähigkeit bzw. nur 23 Prozent ein hohes Durchhaltevermögen. Etwa die Hälfte der Befragten sagt, dass ihnen der Einstieg ins Lernen schwerfällt (49 Prozent) und sie ihr Lernen nur schwer in die Arbeitszeit integrieren können (56 Prozent). Darüber hinaus brauchen 41 Prozent der Befragten Druck von außen, um zu lernen. Die Studienautorin Nele Graf kommt daher zu dem Schluss, dass »sich die Selbststeuerung von Lernprozessen bei den Mitarbeitern noch nicht etabliert hat.«

Trotz allem beliebt: ein bis zwei Tage Seminare

Diese Zahlen machen deutlich, dass nicht jeder Mitarbeiter ein guter selbstverantwortlicher Lerner ist. Das bedeutet, dass diese Mitarbeiter eigentlich gezielte Hilfe und Unterstützung bräuchten, um Lernziele auch sicher erreichen. Doch davon ist in den Firmen nicht viel zu bemerken. Stattdessen sind ein- bis zweitägige Seminare und Trainings das beliebteste Weiterbildungsformat. Das verdeutlicht die Trendstudie Weiterbildungs-Szene Deutschland 2015, in die die Antworten von 1 018 befragten Trainern und Coaches eingingen. Nach der Beobachtung der Befragten geht der Trend sogar in die Richtung, in immer kürzeren Veranstaltungen immer mehr Inhalte zu vermitteln und die Mitarbeiter so wenig wie möglich aus dem Tagesgeschäft herauszulösen.

Kurzum: Die Situation ist so, dass sich viele Mitarbeiter schwertun, selbstverantwortlich zu lernen, und gleichzeitig Lernformate dominieren, bei denen die Teilnehmer bei der Umsetzung des Gelernten auf sich allein gestellt sind. Da ist es kein Wunder, dass der Lerntransfer so oft scheitert. Und dennoch läuft es so ab. Merkwürdig.

Immer noch besser, als gar nichts zu tun

Ein anderes Mysterium ist der hartnäckige Einsatz von Seminarbewertungsbögen. Sie kennen das. Am Ende eines Seminars oder Trainings teilen Sie einen solchen Fragebogen aus, in dem die Teilnehmer beantworten sollen, wie zufrieden sie mit Ihnen als Trainer, den Inhalten, dem Praxisnutzen und den Rahmenbedingungen sind.

Mythos Happy-Sheets

Mit diesem »Happy Sheet« ist die Annahme verbunden, dass die Zufriedenheit mit dem Trainer und den Trainingsinhalten auch gleichzeitig die Umsetzung des Gelernten bedeutet. Dabei ist allgemein bekannt, dass Zufriedenheit nicht gleich Lerntransfer bedeutet.

Dennoch: Sie als Trainer, aber auch die Personalentwickler werden daran gemessen, ob Sie sehr gute Noten bei der Teilnehmerzufriedenheit erreicht haben. Stellen Sie sich einmal vor, wie sich Ihre Arbeitsweise und auch die der Personalentwickler verändern würde, wenn die Kennzahl nicht Zufriedenheit, sondern Lerntransfer und Umsetzungserfolg hieße?

Dieses Szenario habe ich schon des Öfteren in Workshops mit Personalentwicklern und Trainern diskutiert. Bei so einer Fragestellung kommt schnell Stimmung in die Bude. Vor allem hagelt es Einwände. Der erste spontane Gedanke ist bei den meisten Trainern, dass sie sagen: »Ich habe doch den Umsetzungserfolg meiner Teilnehmer gar nicht unter Kontrolle. Ich bin gar nicht so dicht an denen dran, dass ich Einfluss auf den Lerntransfer habe.«

Bonus für erfolgreichen Transfer

Es lohnt sich aber, tiefer in diese Überlegungen einzusteigen. Denn dann kommen gute Erkenntnisse ans Tageslicht. Also – halten Sie einmal einen Moment inne, und beantworten Sie für sich selbst die folgenden Fragen:

- Was würden Sie tun, wenn Ihr Gehalt als interner Trainer oder Ihr Honorar als externer Trainer davon abhinge, wie erfolgreich Teilnehmer das Gelernte in die Praxis umsetzen?
- Wie genau würden Sie Ihre Trainings gestalten?
- Wie sähen Ihre Auftragsklärungsgespräche aus?

Erfahrungsgemäß zeigen sich zwei Kernergebnisse in den Workshops, in denen ich diese Fragen diskutiere. Da ist zum einen die klare Aussage, dass sich die Trainer sehr viel intensiver mit den Teilnehmern befassen würden. Dazu gehört, sehr viel genauer zu definieren, was jeder einzelne Teilnehmer konkret lernen soll, und auch zu messen, ob die Lernziele erreicht werden. Außerdem würden die Trainer viel mehr Lern- und Übungseinheiten schaffen und persönliches Feedback geben. Plötzlich ist keine Rede mehr von der gängigen Praxis, wonach Teilnehmer möglichst schnell neue Skills lernen können.

Der andere Punkt geht in Richtung der Führungskräfte im Unternehmen. Die Trainer würden sich viel mehr bemühen, sie ins Boot zu holen und mit ihnen Vereinbarungen zu treffen, wie sie den Lerntransfer ihrer Mitarbeiter sicherstellen können.

Mehr Wirkung: Erfolgsabhängiges Honorar

Der österreichische Trainer Christoph Stieg hat sich dieses Szenario nicht nur vorgestellt, sondern mit seiner Firma perfact training in die Tat umgesetzt. Er bietet seinen Kunden die Möglichkeit, die Honorare für Trainings erfolgsabhängig zu gestalten. Denn für ihn besteht der Wert eines Trainings darin, dass sich dadurch im Arbeitsalltag Auswirkungen zeigen, wie er in einem Interview mit dem österreichischen Magazin TRAiNiNG erzählt.

Sein Messbarkeitskonzept besteht aus drei Ebenen: Leistungsentwicklung im Training (Verhaltens- und Kommunikationsleistung), Umsetzungsleistung in der Praxis (also die tatsächliche praktische Anwendung des Gelernten) sowie die dadurch erzielten Ergebnisse. Zusammen mit seinen Auftraggebern überlegt er sich ehrgeizige, aber machbare Ziele. Sie entsprechen der Zielgröße von 100 Prozent. Wenn er dieses Ziel erreicht, stellt er seinem Auftraggeber eine Rechnung, die 100 Prozent seines Tagessatzes entsprechen.

Stieg erzählt: »Unser Modell sieht vor, dass wir mit unseren Kunden sowohl den Erfolg als auch das Risiko teilen – das heißt, wird das Ziel unterschritten, gehen wir meist bis zu 30 Prozent mit ins Risiko. Wird das Ziel überschritten, dann profitieren wir mit bis zu +30 Prozent vom Erfolg. Im schlechtesten Fall fakturieren wir nur 70 Prozent unseres Tagsatzes, im besten Fall 130 Prozent.«

Als ich von seinem Modell gehört habe, war ich begeistert. Ich habe vor Respekt geistig den Hut vor ihm gezogen. Denn sein Ansatz zeugt von Mut und hohem Willen, wirklich für Umsetzungserfolg in den Firmen zu sorgen. Immerhin nimmt er bei seinem Ansatz ein finanzielles Risiko in Kauf. Ich malte mir aus, wie die Kunden bei ihm Schlange stehen.

Kunde will Lerntransfer nicht bezahlen

Doch weit gefehlt. Nur wenige Kunden nehmen die erfolgsabhängige Honorierung an. Sie fürchten, es wird zu teuer für sie, wenn Christoph Stieg für Trainingserfolg sorgt und sie daher mehr Honorar zahlen müssen. Ein anderer Hemmschuh sei aber auch einfach der, dass die Unternehmen eine erfolgsabhängige Honorierung in ihren Prozessen nicht abbilden könnten, berichtet Stieg. Ein typischer Satz laute: »Das kann ich nicht budgetieren.«

Das dritte K.O.-Kriterium betrifft den Punkt, dass Stieg von seinen Auftraggebern erwartet, dass die Führungskräfte ernsthaft und verbindlich den Umsetzungsprozess unterstützen. Dafür trainiert er sie und gibt ihnen auch spezielle Instrumente an die Hand. An dem Punkt würden aber viele abwinken, weil die Bereitschaft fehle oder der Aufwand zu groß erscheine.

Kurzum: Das Konzept der erfolgsabhängigen Honorierung kommt im Wesentlichen deshalb nicht so gut an, weil damit Zeit und Aufwand verbunden sind. Und somit letztendlich auch Geld. Es ist ein Dilemma: Auf der einen Seite wollen die Firmen mehr Lerntransfer, auf der anderen Seite wollen sie dafür möglichst keinen Aufwand betreiben.

Kernargumente gegen Transfersicherung

Ich selbst höre in Gesprächen mit Personalentwicklern vor allem das Argument, dass die erforderlichen Ressourcen fehlen, damit der Lerntransfer funktioniert. Gemeint sind Zeit und Geld. Wenn es also nicht nur um zehn Mitarbeiter, sondern um 10 000 Mitarbeiter geht, winken Personalentwickler mit der Begründung ab, dass es gar nicht machbar sei, für alle diese Mitarbeiter einen Lernprozess zu gestalten, bei dem die Lernziele auch sicher erreicht werden.

Das andere Problem der Personalentwickler ist, dass sie bei Führungskräften beim Thema Transferunterstützung auf taube Ohren stoßen. Was ja auch Stieg als Knackpunkt beschreibt. Die Lerntransferforschung weist sehr gut nach, wie wichtig eine entwicklungsunterstützende und lernförderliche Führungsarbeit ist. Doch die praktische Erfahrung zeigt: Zahlreiche Chefs haben weder Zeit noch großes Interesse daran, sich wie ein Trainer oder Coach mit der Entwicklung ihrer Mitarbeiter zu befassen. Es geht sogar noch weiter: Vorgesetzte sagen im Brustton der Überzeugung, dass sie nicht für die Entwicklung ihrer Mitarbeiter zuständig sind. Das sei die Aufgabe des Trainers oder liege in der Verantwortung des Teilnehmers.

Kurzum: Jeder sieht die Verantwortung beim anderen – und damit dreht sich die Diskussion im Kreis. Also bleibt alles beim Alten, und der einzige Trost in dieser gängigen Trainingspraxis ist für viele Trainer und Personalentwickler, dass vielleicht doch irgendetwas hängen bleibt. Es regiert also das Prinzip Hoffnung. Andere reden sich die Welt schön, indem sie sagen: »Immer noch besser, als gar nichts zu tun.« Es stellt sich also die Frage, wie sich dieser gordische Knoten zerschlagen lässt.

Prinzip Hoffnung – doch es ändert sich was

Die gute Nachricht ist: Ich sehe einen deutlichen Hoffnungsschimmer. Denn in den letzten Jahren bin ich auf etliche Firmen getroffen, die der Wirkungslosigkeit den Kampf angesagt haben. Aber es ist nicht einfach, das bisherige Denken und alte Strukturen aufzuknacken. Die verantwortlichen Personaler müssen häufig viel Überzeugungsarbeit leisten.

Diese Entwicklung hat mir auf jeden Fall Mut gemacht, weiter an meiner Transferstärke-Methode zu arbeiten und dieses Buch zu schreiben. Gerade Sie als Trainer sind ein wichtiger Partner für die Personalentwickler in den Firmen. Damit Sie den Umdenkprozess in den Firmen unterstützen können, erhalten Sie in den folgenden Kapiteln gute Argumente und das nötige Rüstzeug.

Im Blindflug unterwegs

Wie viel Lerntransfer sehen Sie Ihrem Teilnehmer an?

Als Trainer sind Sie in einer schlechten Ausgangslage. Sie wissen nämlich nicht wirklich, wie gut Ihre Teilnehmer die Inhalte Ihres Trainings umsetzen werden, wenn Sie diese das erste Mal treffen. Sie können höchstens sehen und erahnen, wie hoch die Motivation für das Training ist. Sei es durch die Mimik oder Körpersprache, mit der Ihre Teilnehmer den Raum betreten, sei es durch die ersten Worte, die sie in der Vorstellungsrunde sprechen.

Leider habe ich viel zu oft den Fall erlebt, dass mir ausdruckslose, gelangweilte Gesichter im Seminarraum gegenübergesessen haben. Gerade bei Pflichttrainings. Natürlich war mir stets klar, dass es auch Teil meines Jobs ist, die Entsandten für das Trainingsthema zu erwärmen und ihnen sichtbar zu machen, welchen Nutzen sie haben, wenn sie sich auf die Trainingsinhalte und deren Umsetzung einlassen. Auch wenn mir das beim einen oder anderen gelungen war, blieb am Ende solcher Trainings dieses flaue Gefühl im Bauch, ob die Teilnehmer das Gelernte wohl in ihrem Arbeitsalltag weiterverfolgen und anwenden würden.

Offenheit bedeutet nicht Umsetzung

Aber selbst, wenn Ihnen Offenheit und Motivation entgegenkommen, ist das keine Garantie dafür, dass Ihre Teilnehmer das Gelernte nach dem Training auch in der Praxis umsetzen. Sie kennen das sicherlich aus der eigenen Erfahrung. Silvester ist ein gutes Beispiel: Jeder von uns hat an diesem Tag schon einmal gute Vorsätze für das neue Jahr formuliert. Doch schon bald sind diese genauso verloschen wie die Silvesterraketen im dunklen Neujahrsmorgen.

Ärgerlich: Viel trainiert, nichts passiert

Was Ihre Teilnehmer aus Ihren Trainingsimpulsen machen, merken Sie höchstens, wenn Sie Folgetrainings machen. Sei es, indem Sie nach Umsetzungserfahrungen fragen, ein Wissensquiz machen oder in Rollenspielen verändertes Verhalten beobachten können. Doch dann ist bereits viel Zeit verstrichen. Zeit, die Ihre Teilnehmer im schlechtesten Fall nicht genutzt haben. Sie sind noch bei Punkt null in der Umsetzung.

Selbst wenn Sie den fehlenden Transfer registrieren, können Sie nicht im Detail sagen, was die Transferbarrieren beim Einzelnen sind. Meistens hören Sie zwar Argumente wie »keine Zeit« oder »keine Anwendungsmöglichkeiten«. Doch was wirklich dahintersteckt, können Sie in der Gruppensituation des Seminars zeitlich bedingt nicht näher herausfinden – ganz zu schweigen davon, dem Einzelnen zu helfen, bestimmte Barrieren zu überwinden.

Ich habe mich über diese Situation oft geärgert. Denn wenn die Teilnehmer nichts umsetzen, ist meine ganze Arbeit umsonst gewesen. Mich hat dann auch das schlechte Gewissen geplagt, ob ich nicht doch noch irgendetwas hätte besser machen können.

Zusammengefasst sind Sie als Trainer im Blindflug unterwegs. Sie wissen um das Problem des Lerntransfers, haben aber keine Ahnung, welche Risiken jeder Teilnehmer dazu mitbringt und was Sie konkret als Unterstützung leisten können, um den Einzelnen in seinem Lerntransfer zu fördern. Und genau an dem Punkt setzen mein Modell der Transferstärke und die dazugehörige Methode an. Den Begriff »Transferstärke« habe ich im Jahr 2009 geprägt. Damit beschreibe ich die persönliche Kompetenz, Lern- und Veränderungsimpulse aus Fortbildungen selbstverantwortlich, erfolgreich und nachhaltig in die Praxis umzusetzen.

Der Gedanke bei der Anwendung des Transferstärke-Modells** ist ganz einfach. Es läuft so ähnlich ab wie vor einem Flug, wenn Sie durch die Sicherheitsschleuse wollen. Stellen Sie sich vor, Sie hätten eine Art Scanner, mit dem Sie im Handumdrehen die Transferstärke Ihrer Teilnehmer erkennen können. Am Flughafen dauert es anderthalb Sekunden – und schon ist der Passagier mit dem Ganzkörperscanner kontrolliert.

Neue Perspektive Transferstärke

So schnell lässt sich die Transferstärke von Teilnehmern zwar nicht ermitteln, aber es geht dennoch vergleichsweise rasch. Ich habe nämlich einen kurzen psychologischen Test namens Transferstärke-Analyse entwickelt. Danach sehen Sie und Ihr Teilnehmer klar, wo die Stärken und Risiken für den Lerntransfer sind, und können vorhandene Risiken so steuern, dass der Transfer gelingt. Vorausgesetzt, der Teilnehmer will wirklich die Lern-PS auf die Straße bringen. Sie legen damit also den Grundstein für eine proaktive Transfersicherung. Kurzum: Es gibt keinen Blindflug mehr.

Endlich Durchblick: Lerntransfer-Scanner

Für Sie als Trainer bedeutet meine Transferstärke-Methode eine Arbeitserleichterung. Sie bekommen damit ein effektives Instrument an die Hand, das Ihnen mit wenig Aufwand erlaubt, Ihre Teilnehmer ganz gezielt und individuell dabei zu unterstützen, Lern- und Veränderungsimpulse nachhaltig umzusetzen. Und nicht nur das: Sie stärken außerdem die Selbstlernkompetenz Ihrer Teilnehmer. All das zahlt sich für künftige Lernvorhaben aus.

Soft Skills im Fokus

Dabei lege ich den Fokus auf verhaltensorientierte Fort- und Weiterbildungen wie zum Beispiel Trainings zu Führung, (Telefon-)Kommunikation oder Verkauf. Denn die Schulung sozialer Kompetenzen ist das Topthema in den Unternehmen, wie sich an der schon erwähnten managerSeminare-Trendstudie Weiterbildungsszene Deutschland 2015 ablesen lässt.

Lernen Sie nun im nächsten Schritt mein Transferstärke-Modell näher kennen.

** Die Begriffe Transferstärke-Modell, Transferstärke-Methode, Transferstärke-Analyse und Transferstärke-Coaching sind markenrechtlich geschützt.

Modellentwicklung: Das Beste aus 18 Konzepten

Als ich mir im Jahr 2009 die ersten Gedanken zu meinem Transferstärke-Modell machte, leitete mich die Frage, welche Einstellungen und Selbststeuerungsfertigkeiten Teilnehmer auszeichnen, die besonders gut in der Lage sind, Gelerntes in der Praxis umzusetzen – sprich transferstark sind.

Trennung zwischen Motivation und Selbststeuerung

Dabei möchte ich klar abgrenzen, dass ich meinen Blick nicht auf die motivationalen Einflüsse gerichtet habe. Denn die Transfermotivation ist als sehr bedeutsamer Einflussfaktor für den Lerntransfer bekannt, wie zahlreiche Forscher in über 20 Jahren Lerntransferforschung nachgewiesen haben.

Mein Fokus richtet sich vielmehr auf das, was ein Teilnehmer können muss, damit der Lerntransfer funktioniert. Damit nimmt mein Transferstärke-Modell eine neue Perspektive ein, die bisher in der Lerntransferforschung so noch nicht existiert, wie die Abbildung 1 »Haus des Transfers« zeigt. Darin sind die bereits bekannten und wesentlichen Einflussfaktoren für den Lerntransfer kurz zusammengefasst.

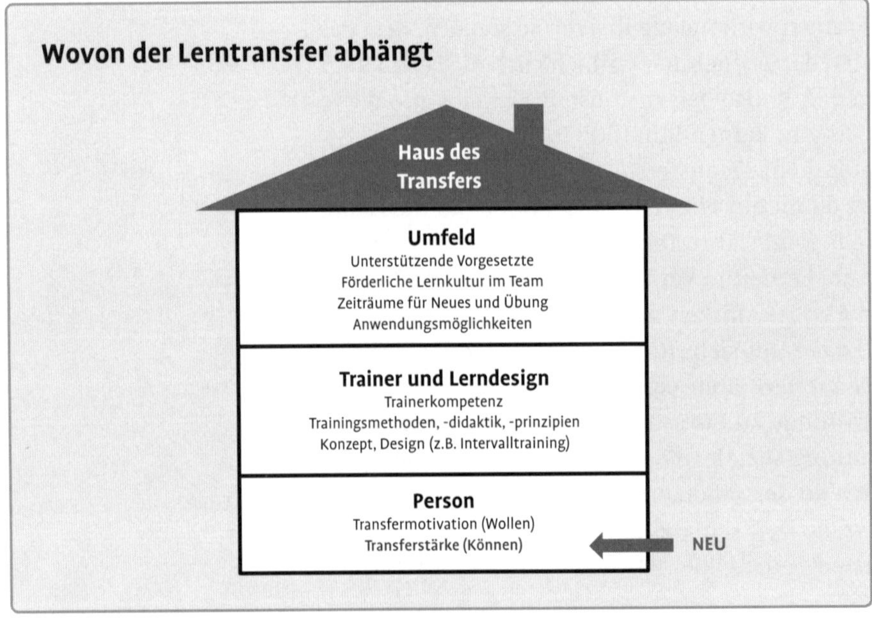

Abbildung 1: Haus des Transfers – Die neue Perspektive der Transferstärke

Die Entwicklung meines Modells können Sie sich am besten vorstellen, wenn Sie sich vor Augen führen, wie Winzer einen Grappa produzieren. Es gibt da tatsächlich Parallelen. Bis Sie nämlich den Schnaps im Glas haben, sind zahlreiche Arbeitsschritte nötig. Zunächst ernten die Winzer die Weinstöcke ab, um aus den Trauben Wein zu erzeugen. Die Trauben werden zu einer Maische angesetzt, vergoren und dann gepresst. Die Rückstände der Weinkelterung sind die Traubenreste bestehend aus Schalen, Kernen, Stängel und Stielen. Diese Substanz – Trester genannt – durchläuft ein spezielles Destillationsverfahren, bei dem am Ende als Konzentrat all dieser Aromen der edle Schnaps herauskommt.

Modellentwicklung wie Grappa-Produktion

Was beim Grappa die Trauben, sind bei mir anfangs zahlreiche Befunde aus der Lern- und Veränderungspsychologie gewesen. Meine Recherchen brachten im Kern 18 Theorien und Modelle mit dazugehörigen Forschungsergebnissen zutage, die in dem folgenden Schaubild zu sehen sind.

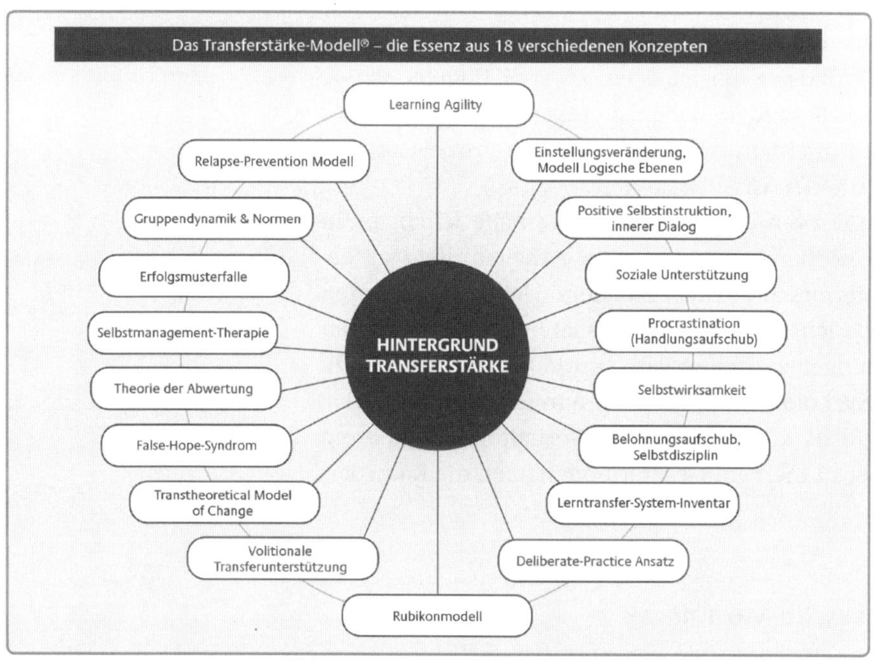

Abbildung 2: Der Hintergrund für das Transferstärke-Modell

Es würde an dieser Stelle zu weit führen, Ihnen diese Konzepte im Detail zu erläutern. Unter den genannten Schlagworten können Sie aber bei Bedarf das Wissen dazu finden. Ergänzend zu meiner Literaturrecherche habe ich 20 Experten (Personalentwickler, Führungskräfte, Trainer) in einem halbstrukturierten Interview befragt, was laut ihrer Erfahrung Personen auszeichnet, die Gelerntes gut umsetzen.

Das Destillat aus 18 Konzepten

Um nun aus der großen Menge an Wissen die Essenz herauszudestillieren, habe ich einen Fragebogen entwickelt, in dem all die Aspekte abgebildet sind, die ein transferstarker Lerner beherrschen sollte. Diesen Fragebogen habe ich in mehreren Durchgängen zusammengedampft, um im Bild des Grappa-Produktionsprozesses zu bleiben. Das heißt, dass etliche Fragen aus dem Fragebogen herausfielen, nachdem sehr viele Probanden ihn beantwortet hatten und ich dann mit einem statistischen Berechnungsverfahren namens Faktorenanalyse die wesentlichen Aspekte der Transferstärke identifizierte. Schlussendlich gingen in den Modellentwicklungsprozess die Daten von rund 2 500 Teilnehmern ein.

Empirisch entwickelt

Wenn Sie nun gleich die vier Faktoren lesen, die in Summe die Transferstärke ausmachen, haben Sie ein Konzentrat dessen, was in den 18 erwähnten Konzepten steckt. Vom Grundsatz her ist es ein »Best-of-Modell«, so wie es Best-of-Musikalben gibt. Das Besondere dabei ist, dass dieses Modell nicht einfach nur erdacht, sondern in einem wissenschaftlichen Prozess auf der Basis empirischer Daten entstanden ist.

Ergänzend zu den vier Faktoren der Transferstärke habe ich in mein Transferstärke-Modell auch noch Aspekte aus dem Arbeitsumfeld aufgenommen, die laut Lerntransferforschung als besonders wichtig einzustufen sind. Zu diesem Schritt habe ich mich zu einem späteren Zeitpunkt entschlossen, um Wechselwirkungen zwischen Person und Umfeld betrachten zu können. Wie die Sozialpsychologie lehrt, haben nämlich auch situative Einflüsse einen starken Einfluss auf persönliches Verhalten. Vor diesem Hintergrund finden Sie daher in meinem Gesamtmodell auch die Kategorie »Unterstützendes Umfeld«.

Im Detail: Das Transferstärke-Modell

Im Folgenden möchte ich Ihnen mein Transferstärke-Modell mit den dazugehörigen vier Faktoren vorstellen. Genauso erfahren Sie, welche Rahmenbedingungen ein unterstützendes Umfeld ausmachen. Die Grafik zeigt das Modell als Ganzes.

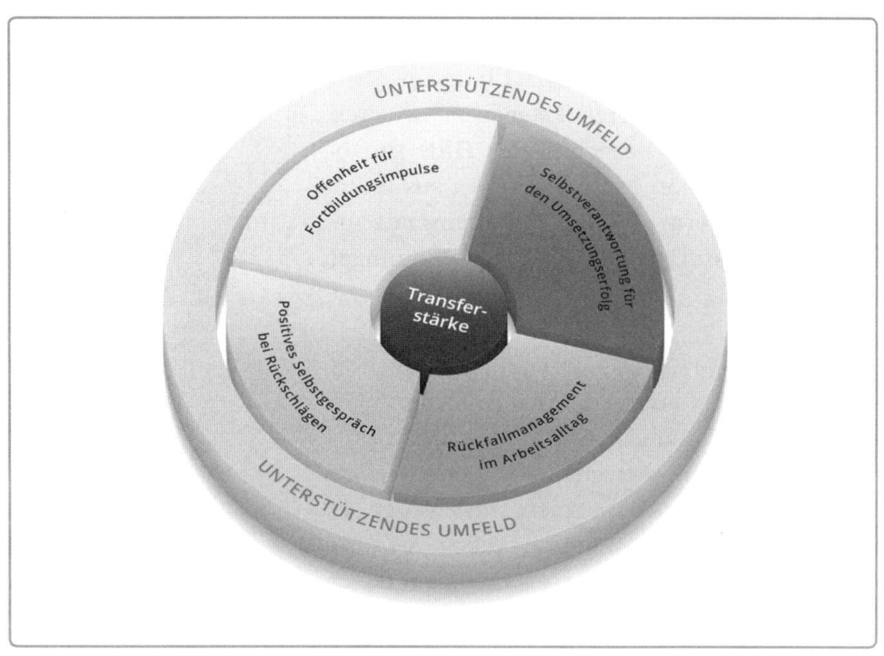

Abbildung 3: Das Transferstärke-Modell

Faktor 1 – Offenheit für Fortbildungsimpulse: Offenheit ist die zentrale Grundlage für jede Weiterentwicklung. Menschen mit einem hohen Wert bei diesem Faktor haben eine positive Einstellung gegenüber Fortbildungen und damit verbundenen Lern- und Veränderungsimpulsen. Sie empfinden Inhalte und Übungen als nützlich, lassen sich auf Neues und Ungewohntes ein. Es gelingt ihnen, gelernte Verhaltensregeln auf sich selbst passend anzuwenden.

Offenheit ist die Basis

Faktor 2 – Selbstverantwortung für den Umsetzungserfolg: Menschen mit einem hohen Wert bei diesem Faktor ergreifen die Initiative und sind aktiv, um aus ihrem bisherigen Trott zu kommen. Sie bemühen sich darum, gelernte Inhalte in die Tat umzusetzen. Dies gelingt ihnen, weil sie gut in der Lage sind, sich selbst zu motivieren und sich selbst neue Methoden und Fertigkeiten zu erarbeiten oder ungünstige Verhaltensweisen zu verändern. Sie machen sich klar, in welchen Schritten sie vorgehen müssen, um ein gewünschtes Verhalten zu erreichen. Sie haben die nötige Umsetzungsenergie und lassen sich auch nicht durch anfänglichen Mehraufwand und Anstren-

Initiativ und aktiv sein

gungen von ihren Vorsätzen abbringen. Nicht nur *in* der Fortbildung, sondern auch *nach* der Fortbildung sind sie aktiv und nutzen Übungsmöglichkeiten und vertiefende Informationen, um an ihren Themen zu arbeiten. Wenn sie nicht richtig vorankommen, holen sie sich gezielt Hilfe für die Umsetzung der gelernten Inhalte. Dazu gehört auch, Menschen aus ihrem Umfeld einzubeziehen, die sie daran erinnern, geplante Verhaltensänderungen umzusetzen, und die sie darin unterstützten, die Rahmenbedingungen förderlich zu gestalten.

Daran scheitern viele

Faktor 3 – Rückfallmanagement im Arbeitsalltag: Die Umsetzung von gelernten Inhalten steht meistens im zeitlichen Konflikt mit den Anforderungen des Tagesgeschäfts. Dieses fühlt sich dringend und wichtig an, sodass gute Vorsätze schnell ins Hintertreffen geraten. Menschen mit einem hohen Wert bei diesem Faktor beherrschen geeignete Strategien, um aus der »eigenen Komfortzone« gewohnter Handlungsweisen auszubrechen. Sie priorisieren die Umsetzung von Lernerkenntnissen und lassen sich nicht durch vermeintlich dringende Themen und das spontane Geschehen ablenken. Sie schätzen realistisch ein, was es an Zeit und Veränderungsaufwand braucht, und schaffen sich die erforderlichen Zeiträume. Ihnen gelingt es, sich auch unter Stress und Zeitdruck so zu steuern, dass sie sich an die Umsetzung neuer Denk- und Verhaltensweisen erinnern. Es gibt geeignete Vorbeugungsstrategien und Notfallpläne gegen Rückfälle.

Hinfallen ist keine Schande, aber liegenbleiben

Faktor 4 – Positives Selbstgespräch bei Rückschlägen: Das Bestreben, Gewohnheiten zu ändern oder Neues zu lernen, ist oft begleitet von Rückfällen in alte Muster, von Fehlschlägen, unerwartet hohem Energieaufwand und Phasen der Frustration und Lustlosigkeit. Die Art des inneren Selbstgesprächs bei diesen Rückschlägen entscheidet darüber, ob Lern- und Veränderungsziele aufrechterhalten werden. Entscheidend ist eine positive und optimistische Grundeinstellung. Menschen mit einem hohen Wert bei diesem Faktor sehen Rückfälle in alte Muster als normal an. Ihnen ist klar, dass Einstellungs- und Verhaltensänderungen nicht auf Anhieb gelingen – geschweige denn von heute auf morgen passieren. Sie sehen kleine und kleinste Fortschritte in ihren Bemühungen und feiern diese Erfolge. Sie sind zuversichtlich, dass sie früher oder später ihr Lern- und Veränderungsziel erreichen werden. All das trägt dazu bei, am Ball zu bleiben. Sie haben außerdem ein gutes Gefühl für den Nutzen, der sie erwartet, wenn sie ihr Ziel erreicht haben.

Die drei Faktoren für ein unterstützendes Umfeld lauten:

Interessierter Chef: Hilfreich ist, wenn der Vorgesetzte aktiv nachfragt, was sein Mitarbeiter umsetzen will, und ihm auch von sich aus Feedback gibt, wie gut es gelingt. Damit zeigt er sein Interesse, und der Mitarbeiter merkt, dass es auch seinem Chef wichtig ist, dass gewonnene Lernerkenntnisse in die praktische Arbeit einfließen.

Der war beim Seminar – na, der wird auch wieder normal

Motivierende Teamkultur: Hierbei geht es um die Lernkultur im Team. Sicherlich haben Sie auch schon von solchen Fällen gehört, in denen ein Trainingsteilnehmer motiviert an den Arbeitsplatz zurückkehrte und ihn dann die Kollegen belächelt haben, weil er das Gelernte anwenden wollte. Diese Reaktionsweisen sorgen sehr schnell dafür, dass sich der Teilnehmer an den Gruppendruck anpasst und lieber alles so lässt, wie es ist. Aus Transfersicht ist es viel besser, wenn ein Mitarbeiter von seinen Kollegen Wertschätzung und Unterstützung bei seinen Lern- und Veränderungsbemühungen bekommt und sie ihn ermutigen, Neues auszuprobieren.

Zeit für Neues: Der dritte und wohl stärkste und am häufigsten gehörte Einflussfaktor betrifft die erlebte persönliche Zeitkapazität. In dem Moment, wo Teilnehmer den Eindruck haben, angesichts ihrer Arbeit keine Zeit für Neues und Übung zu haben, bleiben gute Vorsätze schnell auf der Strecke.

Transferstärke-Modell ist wie eine Brille

Nun kennen Sie das Transferstärke-Modell im Detail. Es ist quasi die Brille, durch die Sie künftig Ihre Teilnehmer aus Lerntransfer-Sicht anschauen können. Denken Sie zurück an meine Worte, dass wir als Trainer bisher im Blindflug unterwegs waren. Wir sahen zwar die Motivation der Teilnehmer, hatten aber kein Raster, mit dem wir prüfen konnten, ob sie auch die nötigen persönlichen Transfer-Skills besitzen, die für den Umsetzungserfolg bedeutsam sind.

Dieses Modell schließt diese Lücke und gibt Ihnen die Sicherheit, dass es die wichtigsten Checkpunkte zusammenfasst. Denn es ist das Destillat aus 18 Konzepten, Modellen und dazugehörigen Forschungserkenntnissen rund um Lerntransfer und Veränderungspsychologie.

Die spannende Frage ist nun, wie transferstark Trainingsteilnehmer sind. Hierzu kann ich dank meiner bisherigen Studien klare Zahlen, Daten und Fakten liefern.

80 Prozent haben Transferschwächen

Wie erwähnt, ist das Transferstärke-Modell dadurch entstanden, dass ich einen Fragebogen konzipiert habe, in dem ich die erforderlichen Einstellungen und Selbststeuerungsfertigkeiten für einen erfolgreichen Lerntransfer zusammengefasst habe. Diesen Fragebogen habe ich Transferstärke-Analyse genannt und in den letzten Jahren validiert. Das bedeutet, ich habe Studien vorgenommen, die die Güte meines Messinstrumentes nachweisen.

Valides Messinstrument

Im Rahmen der Validierung und auch beim Einsatz des Fragebogens in Trainings und Coachings haben bereits einige tausend Beschäftigte aus Unternehmen den Fragebogen beantwortet. Es sind Mitarbeiter und Führungskräfte zwischen 18 und 67 Jahren aus mehr als 30 Branchen, vor allem aus Deutschland, aber auch aus Österreich und der Schweiz. Anteilig etwa gleich viele Frauen und Männer.

Aus meinen bisherigen Daten lässt sich eine klare Botschaft ableiten: Nur 20 Prozent der Beschäftigten sind transferstark. Das bedeutet, 80 Prozent fehlen mehr oder weniger die erforderlichen Einstellungen und Selbststeuerungsfertigkeiten, damit der Lerntransfer klappt.

Erinnern Sie sich an den Anfang des Kapitels, wo ich die Studie von Nele Graf erwähnt habe. Auch hier zeigte sich schon als Thema die mangelnde Transferfähigkeit von Teilnehmern. Allerdings hat die Autorin in ihrer Studie lediglich abgefragt, wie gut den Teilnehmern der Transfer gelingt. Meine Daten machen dagegen erstmals aufseiten der Person sichtbar, welche genauen Ursachen dem mangelnden Lerntransfer zugrunde liegen.

Fakten machen Lerntransferrisiko sichtbar

Es gibt somit einige harte Fakten, mit denen Sie als Trainer gegenüber ihren Auftraggebern argumentieren können, warum der selbstverantwortliche und umsetzungsstarke Lerner ein Wunschtraum ist und Sie deshalb mit der Transferstärke-Methode arbeiten. Firmen, die angesichts dieser Befundlage weiterhin an isolierten ein- oder zweitägigen Trainings festhalten, handeln fahrlässig. Im Prinzip ist es das Gleiche, als wenn sie ihre Mitarbeiter ohne Gurt Auto fahren lassen, obwohl sich seit Jahren in Crashtests gezeigt hat, dass der Gurt viel mehr Sicherheit bietet. Transfersicherung bedeutet, die Transferstärke der Mitarbeiter zu kennen und bei Trainingsprozessen zu beachten.

Nun hören Sie vielleicht aus Firmen auch das Argument, dass die üblichen Präsenztrainings immer mehr ein Auslaufmodell sind. Denn durch die Digitalisierung gebe es ja viel mehr Möglichkeiten, dass der Mitarbeiter sich während seiner Arbeit das Wissen abruft, das er gerade braucht. Das ist so ähnlich, als wenn Sie ein YouTube-Video aufrufen, um sich schlau zu machen, wie Sie eine wackelnde Klobrille wieder richten. Lerntransfer spielt dann keine Rolle mehr, so ist die Annahme, weil Sie ja aktuell das Problem haben und dann auch die Lernerkenntnisse sofort umsetzen.

Lerntransferthema – ein Auslaufmodell?

Jederzeit, an jedem Ort lernen, lautet das neue Credo. Nicht mehr Lernen auf Vorrat im Seminarraum, sondern direkt am Arbeitsplatz. Das Zauberwort heißt »Learning on Demand«. Bedarfsgerechter kann Lernen kaum noch werden. Es braucht dazu nur einen großen Wissenspool, den die Firma selbst erstellt oder passend bei einem Dienstleister einkauft. So kann sich zum Beispiel ein Mitarbeiter mit einem E-Learning kurz vor einem wichtigen Kundenbesuch schlau machen, wie er seine Kunden-Nutzen-Argumentation im anstehenden Verkaufsgespräch noch verbessern kann.

Der Sportartikelhersteller adidas spricht in dem Zusammenhang von einem New Way of Learning. Auch andere Firmen, wie die Deutsche Bahn, proklamieren diese neue Lernkultur, die geprägt ist durch die Philosophie von selbstgesteuertem, arbeitsplatznahem und informellem Lernen. Der Mitarbeiter ist danach sein eigener Personalentwickler.

Verhaltensänderung bleibt weiter die Herausforderung

So schön diese neue Welt auch klingt: Hier ist es wichtig zu trennen, ob die Mitarbeiter Wissen oder Verhalten lernen. Gerade wenn es darum geht, eigene Denk- und Verhaltensmuster zu verändern oder neue Skills ins eigene Handlungsrepertoire aufzunehmen, gelten weiterhin die gleichen Gesetze der Lern- und Veränderungspsychologie, die im Transferstärke-Modell zusammengefasst sind. Daran ändern auch die digitalen Lernformate nichts. In einem Video lässt sich zwar darstellen, wie ein Außendienstmann eine bessere Fragetechnik lernen kann, aber die Umsetzung im Tagesgeschäft ist damit noch nicht getan. Gerade wenn es darum geht, langjährig eingefahrene Gewohnheiten zu verändern.

Die gute Nachricht ist: Hirnforscher lehren uns die Plastizität des Gehirns. Wir sind zeitlebens in der Lage, die komplexen Nervenverschaltungen im Gehirn an neue Nutzungsbedingungen anzupassen, wie der bekannte Hirnforscher Gerald Hüther beschreibt. Selbst wenn ein Außendienstmann nach 17 Jahren Verkaufstätigkeit erstmals ein Training bekommt, kann er etwas dazulernen. Ihm ist es möglich, seine Fragetechnik zu verbessern und bisherige Synapsen zu deaktivieren, die ihn bisher automatisch dazu führten, seine Kunden monoton zuzutexten.

Was aber im Eifer der Entwicklungsarbeit in den Firmen ausgeblendet wird, ist das Kleingedruckte in den Allgemeinen Geschäftsbedingungen des Gehirns: Der Umbau von Nervenzellverschaltungen kostet Zeit und Aufwand. Es ist also eine Illusion anzunehmen, dass die Umsetzung von Lernimpulsen durch die digitalen Medien von allein passiert, nur weil der Mitarbeiter das Wissen im Arbeitsalltag bedarfsgerecht abrufen kann. Lerntransfer spielt weiterhin eine wichtige Rolle. Von der Motivation, sich überhaupt den digitalen Medien zu widmen, will ich gar nicht reden. Die ist natürlich die Grundbedingung. Das ist aber bei Präsenzseminaren und -trainings auch so.

AGB des Gehirns

Kurzum – machen Sie Ihren Auftraggebern bewusst, dass 80 Prozent der Trainingsteilnehmer nicht per se transferstark sind. Es ist dringend erforderlich, sich genau anzuschauen, was diese Teilnehmer von Ihnen als Trainer an Unterstützung benötigen. Was Sie dabei im Detail tun können, ist das Thema meiner Transferstärke-Methode, die Sie im nächsten Kapitel kennenlernen.

Risiken kennen und proaktiv handeln

Die Transferstärke-Methode

↗ 02

Kurz gefasst: Die drei Schritte der Transferstärke-Methode

Der Kernprozess meiner Transferstärke-Methode besteht aus drei Schritten, die in einen Trainingsprozess eingebaut sind. Ich möchte Ihnen hier im Überblick die Standardform vorstellen. Später erfahren Sie dann auch die Feinheiten, die Sie pro Schritt beachten müssen. In Kapitel 6 lernen Sie außerdem verschiedene Variationen kennen, wie Sie diesen Kernprozess in Trainingsprojekten einsetzen können. Sie haben hier einige Gestaltungsspielräume, sodass Sie die Methode flexibel in Ihrem Sinne nutzen können.

Zentrale Ziele

Die Transferstärke-Methode verfolgt insgesamt drei Ziele:

- Sie führt Teilnehmern ihre Selbstverantwortung für den Lerntransfer vor Augen.
- Sie hilft, den Lerntransfer bei einem aktuellen verhaltensorientierten Lernziel zu fördern.
- Sie stärkt die Selbstlern- und Selbstveränderungskompetenz.

Mit Blick auf die Führungskräfteentwicklung kommt noch ein viertes Ziel hinzu:

- Sie sensibilisiert (Nachwuchs-)Führungskräfte für ihre Rolle als Transferunterstützer bei ihren Mitarbeitern. Denn indem sie die Transferstärke-Methode am eigenen Leib erfahren, wird ihnen bewusst, worauf sie bei ihrer Führung achten müssen, wenn sie selbst eines Tages Mitarbeiter in eine Fortbildung schicken.

Die folgende Abbildung zeigt Ihnen, wie Sie die Transferstärke-Methode standardmäßig in ein Soft-Skills-Training einbetten.

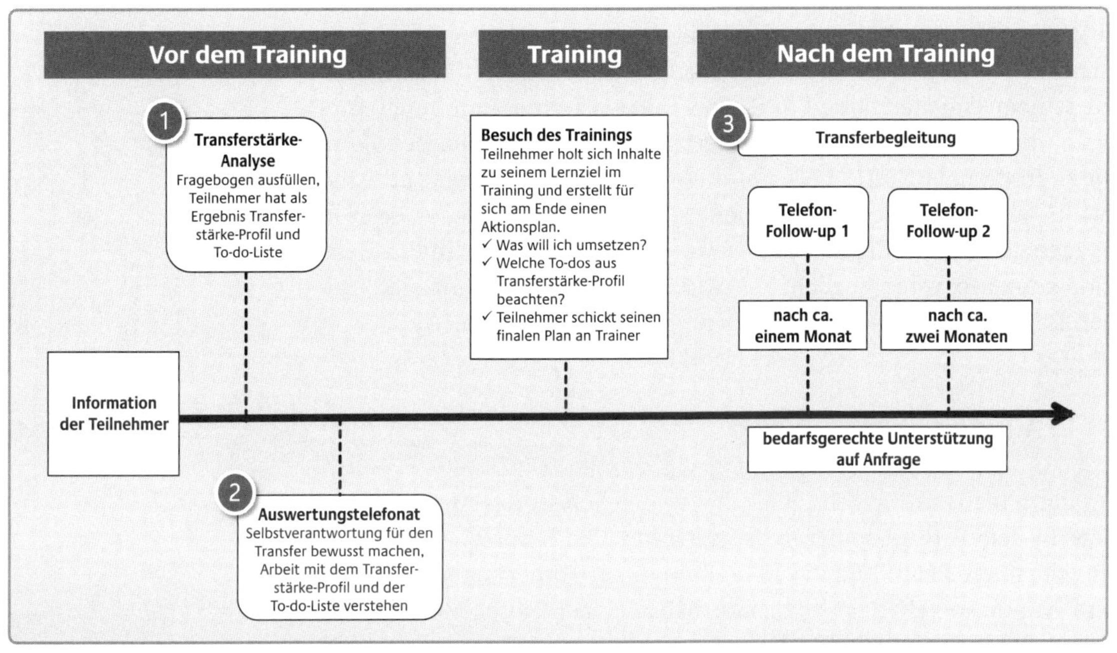

Abbildung 4: Die drei Schritte der Transferstärke-Methode

Beispiel:
Peter aus dem Einkauf

Wie läuft das Ganze nun ab? Stellen Sie sich vor, dass Sie ein zweitägiges Seminar mit dem Titel »Gestern Kollege, morgen Vorgesetzter« durchführen wollen. Einer Ihrer Teilnehmer ist Peter aus dem Einkauf, der seit wenigen Monaten ein Team mit fünf Mitarbeitern führt. Da sind noch viele Fragen, die ihn beschäftigen: Wie manage ich meine Zeit mit den vielen Aufgaben? Oder auch: Wie gebe ich den Mitarbeitern am besten Feedback, wenn die Leistung nicht stimmt? Peter ist grundsätzlich motiviert, an dem Training teilzunehmen, weil er sich Antworten auf seine Fragen erhofft. Aufgrund der Vorankündigung zum Seminar weiß er, dass zu dem Training auch die Transferstärke-Methode gehört, die ihm dabei helfen wird, seine Lern-PS auf die Straße zu bringen.

Schritt 1: Transferstärke-Analyse

Peter absolviert nun im ersten Schritt die Transferstärke-Analyse, die dazu dient, seine Transferstärke zu messen. Peter bekommt dazu von Ihnen drei bis vier Wochen vor dem Training einen Fragebogen per Mail zugesendet. Er soll ihn beantworten und an Sie zurückschicken. Sie schicken ihm dann passend zu seinem Transferstärke-Profil eine To-do-Liste mit Handlungsempfehlungen, die ihm helfen, seine Transferstärke zu stärken und den Lerntransfer zu fördern. Für Peter bedeutet dieser Schritt einen Arbeitsaufwand von etwa 15 Minuten. Es geht also schnell – ein Pluspunkt, findet er, da er in seinem Tagesgeschäft wenig Zeit hat. Obwohl ihn das Seminar interessiert, ist es ihm ganz lieb, wenn er nicht viel Vorbereitungsaufwand für das Training hat. Da geht es ihm wie vielen anderen Teilnehmern auch.

Fragebogen ist schnell gemacht

Schritt 2: Auswertungsgespräch

Bevor es dann ins Training geht, folgt im zweiten Schritt das Auswertungsgespräch. In dem Fall telefonieren Sie mit Peter und besprechen mit ihm sein Transferstärke-Profil und die To-do-Punkte zur Förderung seines Lerntransfers. Alternativ geht das Ganze natürlich auch per Online-Meeting. Das Gespräch dauert etwa 45 bis 60 Minuten. Peter merkt dabei, dass es wirklich um ihn persönlich geht und dass Sie ihm alle Stellhebel an die Hand geben, damit er spätere Lerninhalte erfolgreich umsetzt. Entscheidend bei diesem Gespräch ist der Dialog mit Peter. Sein Transferstärke-Profil ist dabei das Trittbrett, damit Sie mit ihm schnell und präzise über seine Stärken und Risiken für seinen Lerntransfer sprechen können. Um die Risiken abzumildern oder gar ganz auszuschalten, erfährt Peter bewährte Tipps und Techniken in Form einer persönlichen To-do-Liste. Das Wissen, das darin steckt, hilft ihm nicht nur sein aktuelles Lernvorhaben besser zu realisieren, sondern zeigt ihm grundsätzlich auf, wie er sich künftig selbst beim Transfer besser steuert.

Transferstärke-Profil verstehen

Durch das Gespräch kommen Sie mit Ihren Teilnehmern bereits in einen ersten Kontakt und können genau erkunden, was jeder braucht, damit es ein gutes Training für Sie wird. Dieses Vorgespräch ist besonders dann wichtig, wenn sich bei einem Teilnehmer eine geringe Offenheit für Fortbildungsimpulse zeigt. Im Mittelpunkt steht dann die Frage, was die Hintergründe dafür sind und wie sich mögliche Barrieren abbauen lassen.

Am Ende des Telefonats hat Peter eine erste Vorstellung davon, was ihm sein Transferstärke-Profil und die damit verbundenen Handlungstipps sagen und wie er damit jetzt am besten weiterarbeitet.

So gerüstet geht er ins Training und erhält dort eine Menge Impulse zum Umgang mit seiner neuen Führungsrolle. Auch zu Themen, an die er noch gar nicht gedacht hat. Am Ende des Seminars bekommen er und die anderen Teilnehmer Zeit, sich zu überlegen, was sie nun in der Praxis umsetzen wollen. Dieses Vorgehen kennen Sie sehr wahrscheinlich, weil die meisten Trainer solch einen Agenda-Punkt schon routinemäßig in ihren Trainings einbauen. Ergänzend dazu bitten Sie Ihre Teilnehmer, sich anknüpfend an das Auswertungsgespräch noch einmal ihr Transferstärke-Profil anzuschauen und zu überlegen, welche der dort aufgeführten Lerntransferrisiken für den Umsetzungserfolg eine besondere Rolle spielen. Jeder soll die wichtigsten drei Risiken notieren und in einem Aktionsplan aufschreiben, was er tun will, damit der Transfer auch wirklich funktioniert. Hinweise dazu geben die bereits erwähnten Tipps aus der To-do-Liste.

Klare Vorsätze und Lerntransferrisiken abstellen

Peter und die anderen Teilnehmer sollen dann noch eine Nacht über ihren Aktionsplan schlafen und Ihnen innerhalb von drei Tagen die fertige Version per Mail zuschicken. So wissen Sie im Detail, was jeder vorhat, und können bei den Folgekontakten mit jedem Einzelnen sehr gut darauf aufbauen.

Peter hat sich vorgenommen, künftig mehr Aufgaben zu delegieren, damit er nicht mehr so in der Arbeit versinkt. Sein wichtigster Stellhebel für den Umsetzungserfolg betrifft den Transferstärke-Faktor »Aktives Rückfallmanagement«. Er hat erkannt, dass er immer dann besonders gefährdet ist, in seinen alten Trott zurückzufallen, wenn er denkt: Die Aufgabe mache ich mal eben selbst. In diesen Momenten muss er sich vor Augen führen, dass dieses »mal eben« meistens doch etliche Zeit in Anspruch nimmt und er deshalb die Aufgabe delegieren sollte.

Aktives Rückfallmanagement

Schritt 3: Transferbegleitung

Der dritte Schritt besteht in der Transferbegleitung. Denn auch Transfer will gelernt sein. Dabei unterstützen Sie als Trainer. Im Mittelpunkt steht aber die selbstständige Umsetzung der eigenen Lernziele. Für Peter beginnt nun die zweimonatige Transferphase nach dem Training, die er mit einer Lernverlaufskurve selbst steuert. Diese hilft ihm, seinen Umsetzungserfolg zu reflektieren und sich im Bedarfsfall an den Trainer zu wenden, wenn die Umsetzung stockt. Hier gilt die Regel: Wenn sich innerhalb von zwei Wo-

Selbstständige Transfersteuerung und Follow-ups

chen gar kein Fortschritt zeigt, soll der Teilnehmer sich melden, weil dann sehr wahrscheinlich »ein Fehler im System ist« und es wenig Sinn macht, die Zeit weiter ungenutzt verstreichen zu lassen.

In diesen Umsetzungszeitraum sind zwei Follow-up-Kontakte per Telefon (oder per Online-Meeting) als feste Größe integriert. Sie dauern etwa 30 bis 45 Minuten und finden etwa einen Monat nach dem Training und nochmal einen Monat nach dem ersten Follow-up statt.

In diesen Follow-ups fragen Sie als Trainer typischerweise nach, inwiefern die Umsetzung funktioniert hat und wie der aktuelle Stand mit dem eigenen Transferstärke-Profil zusammenhängt. Peter erzählt, dass es ihm schon ganz gut gelungen ist, Aufgaben zu delegieren. Doch es gibt auch Rückschritte. Nun arbeiten Sie heraus, an welchen Punkten sein Rückfallmanagement noch nicht funktioniert hat.

Durch die zwei Telefonate im Rahmen der Transferbegleitung bekommt Peter jedes Mal vertiefende Impulse, wie er die Umsetzung besser hinbekommt. Gleichzeitig merkt er, wie ihm die Transferstärke-Tipps helfen, den Lerntransfer sicherzustellen. Alles in allem geht es also darum, dass Peter durch das Gespräch mit Ihnen noch vertrauter und sicherer in der Anwendung der Transferstärke-Tipps wird und lernt, sich in den Risikobereichen seiner Transferstärke noch besser zu steuern. Ohne die Folgekontakte arbeiten viele Teilnehmer erfahrungsgemäß nicht aktiv mit ihrem Transferstärke-Profil weiter. Das betrifft gerade diejenigen, die transferschwach unterwegs sind. Sie als Trainer sind daher ein wichtiger Katalysator, damit die Teilnehmer lernen, ihren Transfer besser zu managen.

Sich an die Arbeit mit dem Transferstärke-Profil gewöhnen

Am Ende dieses Prozesses hat Peter im Normalfall einen klaren Veränderungsschritt im Sinne seines Lernziels gemacht und fühlt sich gerüstet, selbstständig mit seinem Transferstärke-Profil weiterzuarbeiten. Zugleich hat er seine Transferstärke verbessert. Denn in dem beschriebenen Fall hat er eine Menge darüber gelernt, wie er den Rückfall in alte Verhaltensmuster wirksam unterbinden kann.

Höheres Transferstärke-Level

Nachdem Sie einen Überblick zu den Kernelementen der Transferstärke-Methode bekommen haben, geht es nun ins Detail. Sie lernen den Fragebogen kennen, mit dem Sie die Transferstärke Ihrer Teilnehmer messen können. Und Sie machen sich vertraut mit der Transferstärke-Toolbox, in der alle die Handlungsempfehlungen zusammengefasst sind, die Ihren Teilnehmer helfen, ihre Transferrisiken zu minimieren.

Die Transferstärke-Analyse

↗ 03

Der Fragebogen

Im Folgenden stelle ich Ihnen den Fragenbogen vor, mit dem Sie die Transferstärke Ihrer Teilnehmer messen können. Dieser QuickCheck besteht aus insgesamt 23 Aussagen, die die Transferstärke- und die Umfeld-Faktoren des Transferstärke-Modells betreffen. Diesen finden Sie auch im Downloadbereich zu diesem Buch als Handout. Es handelt sich um eine PowerPoint-Datei. Sie können den Fragebogen also sofort für Ihre Trainings einsetzen.

Fragebogen im Downloadbereich des Buches

Wie im vorherigen Kapitel zum Kernprozess der Transferstärke-Methode erwähnt, senden Sie per Mail den Transferstärke-Fragebogen an jeden Trainingsteilnehmer. Der ausgefüllte Fragebogen geht an Sie zurück. Sie schauen sich das Transferstärke-Profil an und übersenden Ihrem Teilnehmer dann in Form einer To-do-Liste die persönlichen Handlungsempfehlungen, die er benötigt, um seinen Lerntransfer sicherzustellen. Diese Handlungsempfehlungen müssen Sie sich nicht selbst überlegen, sondern finden dazu Textbausteine in der »Transferstärke-Toolbox«, die ich Ihnen später vorstelle. Kurz vor dem Auswertungsgespräch senden Sie ihm diese To-do-Liste mit den ausgewählten Handlungsempfehlungen zu. So kann er bereits einen ersten Blick darauf werfen, bevor Sie ihm bei dem Telefontermin die Details erläutern.

Beispiel Peter

Damit Sie nun ein Bild von diesem Ablauf bekommen, bleiben wir der Einfachheit halber bei dem schon erwähnten Peter aus dem Einkauf, der bei Ihnen das Seminar »Gestern Kollege, morgen Vorgesetzter« besuchen will. Etwa drei bis vier Wochen vor dem Training schicken Sie Peter eine E-Mail mit einer Datei im Anhang, in dem er den Fragebogen zur Transferstärke-Analyse findet. Als Peter seine Mail aufmacht, liest er diese Zeilen:

»Hallo Herr Müller, wie angekündigt, lade ich Sie hiermit herzlich zur Teilnahme an der Transferstärke-Analyse ein. Im Anhang finden Sie dazu einen Fragebogen, den ich Sie bitte auszufüllen. Bitte schicken Sie ihn innerhalb einer Woche wieder an mich zurück. Durch den Fragebogen machen Sie sich bewusst, welche Stellschrauben Sie persönlich beachten müssen, damit Sie von unserem Training optimal profitieren und es Ihnen gut gelingt, das Gelernte in der Praxis umzusetzen. Bei unserem Telefontermin am xx.yy.zz um xx Uhr sprechen wir dann genauer über Ihre Ergebnisse und wie Sie damit optimal arbeiten können.«

Neugierig öffnet Peter die Datei und befasst sich mit der Anleitung und den Fragen.

Anleitung

Willkommen zur Transferstärke-Analyse, die Ihnen hilft, noch mehr aus dem anstehenden Training herauszuholen, und Sie in Ihrer persönlichen Entwicklung weiterbringt.

QuickCheck umfasst 23 Fragen

Der QuickCheck besteht aus zwei Teilen:

- Im Teil 1 geht es um Ihre Transferstärke, das heißt um persönliche Einstellungen und Selbststeuerungsfertigkeiten, die für den Lerntransfer eine wichtige Rolle spielen. Sie finden hierzu die Grafik »Einschätzung Ihrer Transferstärke« und 14 dazugehörige Fragen.
- Teil 2 betrifft Ihr Arbeitsumfeld und die Frage, ob die dortigen Rahmenbedingungen Ihren Lerntransfer unterstützen. Auch hierzu gibt es eine Grafik und neun dazugehörige Fragen.

Teil 1: Einschätzung Ihrer Transferstärke

Schauen Sie sich als erstes die folgende Grafik an.

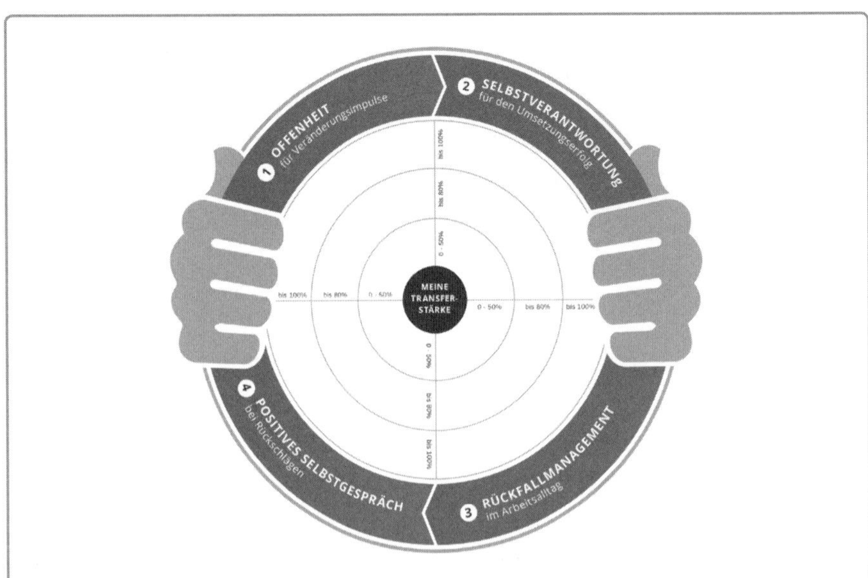

Abbildung 5: Einschätzung Ihrer Transferstärke

Sie finden hier die vier Faktoren »Offenheit für Fortbildungsimpulse«, »Selbstverantwortung für den Umsetzungserfolg«, »Rückfallmanagement im Arbeitsalltag« und »Positives Selbstgespräch bei Rückschlägen«. Beginnen Sie mit dem Faktor »Offenheit für Fortbildungsimpulse«. Danach gehen Sie in gleicher Weise für die anderen Faktoren vor.

Anleitung für den Fragebogen

- Lesen Sie die dazugehörigen vier Aussagen durch und schätzen Sie auf einer Skala von 0 bis 100 Prozent ein, wie zutreffend Sie diese für sich empfinden. Es geht dabei um Ihren »gefühlten Wert«, der die Summe Ihrer Erfahrungen widerspiegelt.
- Entscheiden Sie am besten spontan aus dem Bauch heraus. So vermeiden Sie, dass die Antworten zu sehr Ihrem Wunschdenken oder den Erwartungen von anderen Personen entsprechen. Je ehrlicher Sie mit sich selbst sind, umso mehr werden Sie von diesem Selbstcheck profitieren und wertvolles Feedback bekommen.
- Beispiel: Sie haben bei der Aussage »Ich finde Fortbildungen positiv, da Sie mich erfahrungsgemäß weiterbringen« die Zahl 30 Prozent notiert. Dies würde bedeuten, dass Sie dieser Aussage eher weniger zustimmen.

- Addieren Sie zum Schluss für jeden Faktor ihre Prozentwerte und dividieren sie diese Summe durch die Anzahl der genannten Aussagen, um den Mittelwert zu errechnen.
- Sie finden neben der Grafik dicke schwarze Punkte. Klicken Sie einen davon mit der Maus an, halten Sie dabei die linke Maustaste gedrückt und verschieben Sie den Punkt in den Prozentbereich der Grafik, die Ihrem gerade errechneten Mittelwert entspricht.
- **Wichtig**: Bitte lassen Sie möglichst keine Frage aus. Lediglich bei Fragen, die das Umfeld betreffen, können Sie eine Ausnahme machen, wenn Sie zum Beispiel keinen Chef oder keine Kollegen haben, auf die sich die Fragen beziehen.
- **Hinweis zum Datenschutz**: Ich behandle Ihre persönlichen Ergebnisse vertraulich. Nur Sie selbst und ich als Trainer erhalten Einblick.

Anleitung für die Auswertung

Fragen zum Faktor »Offenheit für Fortbildungsimpulse«

Nr.	Aussage	Zustimmung in 0 – 100 Prozent
1.	Aus Übungen (wie z. B. Rollenspielen) kann man viel für die Praxis lernen.	
2.	Handlungsempfehlungen, die nicht meinen Erfahrungen in der Praxis entsprechen, probiere ich gerne aus.	
3.	Die meisten Inhalte von Fortbildungen kann man gut gebrauchen.	
4.	Wenn ich neue Handlungsweisen in einer Fortbildung lerne, kann ich diese gut auf mich übertragen.	
	Mittelwert in Prozent	

Gehen Sie nun für die drei anderen Faktoren und die dazugehörigen Fragen in der gleichen Weise vor.

Fragen zum Faktor »Selbstverantwortung für den Umsetzungserfolg«

■ Nr.	■ Aussage	■ Zustimmung in 0 – 100 Prozent
1.	Ich kann mich gut selbst motivieren und mir Lernstoff selbstständig erarbeiten bzw. mein Verhalten ändern.	
2.	Ich überlege mir genau, in welchen Schritten ich vorgehe, um Gelerntes umzusetzen.	
3.	Ich nutze aktiv die Übungsmöglichkeiten in einer Fortbildung und suche mir auch danach Anwendung und Vertiefung.	
4.	Ich hole mir Unterstützung, wenn die Umsetzung des Gelernten nicht klappt.	
	Mittelwert in Prozent	

Fragen zum Faktor »Rückfallmanagement im Arbeitsalltag«

■ Nr.	■ Aussage	■ Zustimmung in 0 – 100 Prozent
1.	Die Umsetzung von Lernerkenntnissen hat in meinem Arbeitsalltag Priorität.	
2.	Ich schätze den Zeit- und Arbeitsaufwand für die Erreichung von Lernzielen realistisch ein.	
3.	Es gelingt mir gut, mich auch unter Stress und Zeitdruck an die Umsetzung neuer Denk- und Verhaltensweisen zu erinnern.	
	Mittelwert in Prozent	

Fragen zum Faktor »Positives Selbstgespräch bei Rückschlägen«

■ Nr.	■ Aussage	■ Zustimmung in 0 – 100 Prozent
1.	Ich bin guten Mutes, Verhaltensänderungen zu schaffen, auch wenn es ab und zu Rückschläge gibt.	
2.	Ich sehe die kleinen Erfolge und Fortschritte, wenn ich etwas Neues lerne.	
3.	Ich habe ein gutes Empfinden, was geplante Verhaltensänderungen als Nutzen für mich bringen.	
	Mittelwert in Prozent	

Teil 2: Einschätzung Ihres Arbeitsumfelds

Schauen Sie sich zunächst wieder die folgende Grafik an.

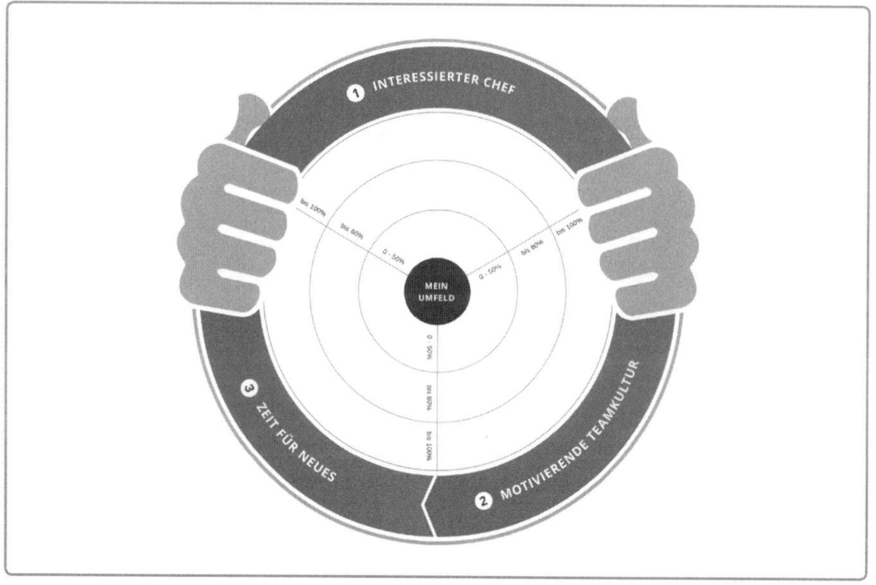

Abbildung 6: Einschätzung des Arbeitsumfelds

Sie finden hier die drei Faktoren »Interessierter Chef«, »Motivierende Teamkultur«, »Zeit für Neues«. Zu jedem Faktor gibt es wiederum Fragen. Das Vorgehen bleibt so, wie Sie es im ersten Teil kennengelernt haben.

Fragen zum Faktor »Interessierter Chef«

■ Nr.	■ Aussage	■ Zustimmung in 0 – 100 Prozent
1.	Mein Chef fragt nach, was ich nach einer Fortbildung konkret in die Tat umsetzen werde.	
2.	Mein Chef fragt nach, was die Umsetzung von gelernten Fortbildungsinhalten gebracht hat.	
3.	Mein Chef schaut genau hin, inwiefern ich Lerninhalte aus einer Fortbildung in die Tat umsetze, und gibt mir dazu eine Rückmeldung.	
	Mittelwert in Prozent	

Fragen zum Faktor »Motivierende Teamkultur«

■ Nr.	■ Aussage	■ Zustimmung in 0 – 100Prozent
1.	In meinem Kollegenkreis ist das Klima so, dass ich motiviert bin, neue Wege auszuprobieren.	
2.	Ich kann bei meinen Kollegen jederzeit auf Rat und Unterstützung bei meinen Lernbemühungen rechnen.	
3.	Wenn ich nach einer Fortbildung mein Verhalten ändere, reagieren meine Kollegen mit Verständnis und Wertschätzung darauf.	
	Mittelwert in Prozent	

Fragen zum Faktor »Zeit für Neues«

Nr.	Aussage	Zustimmung in 0 – 100 Prozent
1.	Ich habe in meinem Tagesgeschäft Zeit, mich mit Neuem auseinanderzusetzen.	
2.	Ich bin in der Einteilung meiner Zeit so frei, dass ich Zeit habe, mich mit der Umsetzung von Lernerkenntnissen zu befassen.	
3.	Mein Arbeitsaufkommen erlaubt mir zeitlich, neue Kompetenzen zu üben.	
	Mittelwert in Prozent	

Abschließend liest Peter dann noch die Information, bis wann er den ausgefüllten Fragebogen spätestens an Sie zurückmailen soll.

Jetzt sind Sie dran: To-do-Liste erstellen

Dann beginnt Ihre Arbeit. Sie schauen sich die Ergebnisse genau an, um zu sehen, welche Transferrisiken jeder Teilnehmer mitbringt, und erstellen dann für jeden eine To-do-Liste mit Handlungsempfehlungen, die ihm helfen, seinen Lerntransfer zu fördern. Diese Handlungsempfehlungen wählen Sie genau passend zum Teilnehmer aus der nachfolgend beschriebenen Transferstärke-Toolbox aus.

Handlungstipps: Transferstärke-Toolbox

Die Handlungstipps aus der Toolbox sind das komprimierte Wissen, das ich aus der Forschung zu den Themen Lerntransfer und Veränderung recherchiert habe und das sich bei mir in der Praxis bewährt hat. Zu jeder Frage, die Sie im zuvor erwähnten Fragebogen finden, gibt es einen Handlungstipp. Zunächst lesen Sie die Tipps, die die persönliche Transferstärke fördern. Die folgende Übersicht zeigt Ihnen, welche Tipps es pro Faktor gibt.

Offenheit für Fortbildungsimpulse	Selbstverantwortung für den Umsetzungserfolg	Rückfallmanagement im Arbeitsalltag	Positives Selbstgespräch bei Rückschlägen
1. Übungen als geschützten Raum betrachten 2. Nach dem Edison-Prinzip denken 3. Fortbildungen mitgestalten 4. Wiederholungsprinzip bedenken	1. Kleine machbare Teilschritte definieren 2. Kopfkino einsetzen 3. Nutzen vor Augen halten 4. Lernpartner einbinden	1. Verbindlichkeit erhöhen 2. Geduld mit sich haben 3. Vorboten erkennen für Rückfallvorbeuge	1. Stopp-Technik einsetzen 2. Kleine Erfolge sehen 3. Nutzen realistisch einschätzen

Abbildung 7: Tipps, um die Transferstärke zu fördern

Komprimiertes Wissen aus Praxis und Forschung

Die Reihenfolge der Tipps entspricht der Reihenfolge der Fragen im Fragebogen. Das bedeutet, wenn der erwähnte Peter im Faktor »Offenheit für Fortbildungsimpulse« für die Frage 1 »Aus Übungen (wie z. B. Rollenspielen) kann man viel für die Praxis lernen« eine Zustimmung von 50 Prozent angegeben hat, ist dies ein Hinweis darauf, dass er Übungen als nicht so hilfreich ansieht und es sich daher lohnt, mit ihm über dieses Thema im Auswertungstelefonat zu sprechen. In Form einer To-do-Liste senden Sie ihm dazu vorab den Tipp aus der Transferstärke-Toolbox. Auf diese Liste komme ich später noch genauer zu sprechen.

Transferstärke-Toolbox im Downloadbereich

Alle Handlungsempfehlungen, die Sie im Folgenden lesen, finden Sie nochmal als Handout zusammengefasst im Downloadbereich zu diesem Buch. So können Sie genauso wie mit dem Transferstärke-Fragebogen gleich aktiv werden und das hier dargestellte Know-how in Ihren Trainings nutzen. Und nun lernen Sie die einzelnen Handlungsempfehlungen der Reihe nach kennen.

Faktor »Offenheit für Fortbildungsimpulse«

Tipp 1: Übungen als geschützten Raum betrachten

Gut gemachte Übungen und Rollenspiele in Fortbildungen spiegeln erfahrungsgemäß sehr gut wider, wie Sie sich in der Realität verhalten. Sie helfen Ihnen daher, sich selbst zu reflektieren, bessere Handlungsmöglichkeiten zu erfahren oder Zusammenhänge zu erkennen. Stellen Sie sich die Frage, was Sie dazu bringt, Übungen als praxisfern zu betrachten. Geht es hier um Selbstschutz?

Haben Sie schlechte Erfahrungen gemacht? Ihre Einstellung entscheidet, was Sie aus einer Übung in die Praxis mitnehmen. Sehen Sie Übungen als geschützten Raum, in dem Sie etwas ausprobieren können und Feedback bekommen. Erkunden Sie vor einer Fortbildung, welche Übungen zum Einsatz kommen und inwiefern diese geeignet sind, genau die Anforderungen aus der Praxis abzubilden, die Ihr Lernziel betreffen. Fragen Sie nach, was Sie selbst zu einer hohen Praxisnähe beitragen können. Bringen Sie zum Beispiel einen Fall aus der täglichen Arbeit ein, der Sie herausfordert und zu dem Sie sich Tipps wünschen. Helfen Sie in der Fortbildung aktiv mit, damit Übungssituationen möglichst realistisch sind. Fragen Sie nach, wenn Sie nicht nachvollziehen können, wie Ihnen Übungen für Ihre Lernziele helfen.

Sich aktiv einbringen

Tipp 2: Nach dem Edison-Prinzip denken

Wie können Sie sich besser auf Neues einlassen, wenn Sie bei sich selbst eine innere Abwehr spüren? Machen Sie sich bewusst, dass innere Abwehr aufgrund persönlicher Einstellungen und Werte entsteht. Dahinter stehen eigene Erfahrungen. Der Nachteil ist bloß, dass wir immer nur einen bestimmten Ausschnitt der Welt sehen. Es gibt »blinde Flecken«. Und der Blick auf bessere Optionen bleibt versperrt, solange wir diese Mechanismen nicht erkennen. Wenn Sie das nächste Mal eine innere Abwehr spüren, machen Sie sich diese Zusammenhänge bewusst. Denken Sie an den berühmten Erfinder Thomas Edison. Er war so erfolgreich, weil er Chancen erkannte, für die andere Leute blind waren. Trainieren Sie bewusst, neue Optionen zu sehen, sich darauf einzulassen und auszuprobieren, was für Sie als Gewinn darin steckt. Gerade das, was Ihnen sehr ungewohnt erscheint, vielleicht sogar abwegig, hat oft das meiste Potenzial für Ihre Weiterentwicklung. Denn diese neuen Gedanken bringen Sie in Bereiche, die Sie bisher noch nicht gekannt bzw. genutzt haben. Genau hier wird es richtig interessant, weil dann die persönliche Entwicklung beginnt.

Blinde Flecken als Chance für Wachstum

Tipp 3: Fortbildungen mitgestalten

Überlegen Sie, woher Ihre momentan eher kritische Einstellung zu Fortbildungen kommt. Oftmals verbergen sich dahinter negative Erfahrungen. Stellen Sie sich ehrlich und selbstkritisch die folgenden Fragen, um aus diesen Erfahrungen zu lernen: Was habe ich genau erlebt? Was hat gefehlt? Was war mein persönlicher Anteil daran, dass die Inhalte der Fortbildungen wenig Nutzen für mich gebracht haben? Was habe ich selbst versäumt zu tun? Was muss ich unbedingt beachten, damit sich diese negativen Erfahrungen künftig nicht wiederholen?

Zahlreiche Teilnehmer machen sich vorab wenig Gedanken darüber, was genau in einer Fortbildung passiert. Enttäuschung ist hier leicht programmiert. Klären Sie vorab, ob eine Fortbildung zu Ihnen passt. Sind die Inhalte, die Methodik, der Trainer genau das, was Sie benötigen, um Ihre Ziele zu erreichen? Wenn Ihr Bauchgefühl sagt, dass Sie eine Fortbildung nicht weiterbringt, gehen Sie aktiv in den Dialog, sei es mit dem Veranstalter, dem Trainer oder Ihrem Chef. Finden Sie eine Lösung, damit Sie mit einem guten Gefühl an der geplanten Fortbildung teilnehmen können. Lässt sich Ihre Skepsis nicht abbauen, ist das Risiko groß, dass Sie aus einer Fortbildung nichts mitnehmen und sich so in Ihrer Einstellung bestärkt sehen.

Vorab klären, ob Fortbildung passt

Tipp 4: Wiederholungsprinzip bedenken
Jeder Mensch kennt dieses Gefühl, wenn er sein Verhalten ändert und etwas Neues macht. Es fühlt sich anfangs unpassend, fremd oder komisch an. Gerade wenn langjährige Gewohnheiten betroffen sind, entsteht leicht der Eindruck: »Wenn ich das jetzt anders mache, muss ich mich verbiegen. Ich bin mir selbst nicht mehr treu.« Betrachten Sie diese Empfindungen als normales Durchgangsstadium. Damit sich neue Verhaltensweisen passend und ganz natürlich anfühlen, braucht es Wiederholung und Zeit. Denken Sie einmal an Verhaltensweisen, die Ihnen heute ganz vertraut sind. Das beste Beispiel ist Auto fahren. Anfangs fühlt sich Auto fahren garantiert nicht »authentisch« an. Es braucht Zeit, Übung und Erfahrung, damit es sich normal anfühlt. Wenn Sie sich diese Gesetzmäßigkeiten persönlicher Entwicklung und Veränderung vor Augen halten, überwinden Sie leichter die anfänglichen Hürden. Wenn Sie jedoch trotz Übung und Wiederholung weiterhin das Gefühl haben, dass bestimmte Verhaltensweisen nicht zu Ihnen passen und Sie sich verbiegen müssen, ist Vorsicht geboten. Möglicherweise passen die Lernziele nicht zu Ihrer Persönlichkeit. Sprechen Sie dann unbedingt mit Ihrem Trainer.

Anfangs war Autofahren auch nicht authentisch

Faktor »Selbstverantwortung für den Umsetzungserfolg«

Tipp 1: Kleine machbare Teilschritte definieren
Klare und konkrete Lern- und Veränderungsziele sind ein Garant für den Umsetzungserfolg. Achten Sie darauf, dass Sie sich kleine und machbare Teilziele setzen, die leicht erreichbar sind. Das fördert Ihre Motivation und

gibt Ihnen das gute Gefühl, dass Sie Ihre Ziele schaffen können. Anfängliche Hürden beim Erlernen neuer Fertigkeiten können Sie so auch leichter überwinden. Eine gute Technik dafür ist die sogenannte Skalierungstechnik. Überlegen Sie sich, was der ideale Zielzustand für Sie ist, und vergeben Sie dafür den Wert 100 Prozent. Null bedeutet genau das Gegenteil. Schätzen Sie nun ein, zu wie viel Prozent Sie bereits heute Ihren Zielzustand erreicht haben und warum. Es gibt dabei keinen richtigen oder falschen Wert. Ihr Bauchgefühl entscheidet. Überlegen Sie dann, was der nächste Schritt ist, zum Beispiel um von 30 auf 40 Prozent zu kommen. Durch die Technik gelingt es Ihnen, Ihren aktuellen Entwicklungsstand besser auf den Punkt zu bringen und Entwicklungsschritte konkreter zu definieren. Die Skala hilft, in kleinen Schritten zu denken und Veränderungserfolge sichtbar zu machen.

Skalierungstechnik – kleine Schritte

Tipp 2: Kopfkino einsetzen

Veränderung beginnt damit, dass Sie sich bewusst dafür entscheiden und sich klar vor Augen führen, wie Sie die Umsetzung mit großer Sicherheit hinbekommen. Malen Sie sich im Geist aus, wie sie künftig in bestimmten Situationen reagieren wollen. Je klarer das Bild in Ihrem Kopfkino ist, umso besser weiß Ihr Gehirn, wie es künftig agieren soll. Aus dem Hochleistungssport ist bekannt, dass sich Leistungen allein durch das mentale Durchspielen von Verhaltensweisen verbessern lassen. Machen Sie es genauso. Schließen Sie die Augen. Spielen Sie neue Verhaltensweisen im Geist möglichst oft durch, bevor Sie in die tatsächliche Situation kommen. Machen Sie sich dabei auch klar, wie Sie mit möglichen Hindernissen oder Schwierigkeiten umgehen wollen. Bauen Sie diese Lösungen mit in Ihr Kopfkino ein.

Neues im Geist durchspielen

Tipp 3: Nutzen vor Augen halten

Um neue Fertigkeiten und Kompetenzen zu entwickeln, sind Übung und Vertiefung nötig. Das fängt in einer Fortbildung an und geht danach weiter. Schaffen Sie sich also bewusst Möglichkeiten, um das Gelernte anzuwenden. Werden Sie aktiv, um sich noch fehlende Inhalte zu einer Fortbildung zu beschaffen. Wenn Sie stattdessen passiv bleiben, kann das daran liegen, dass Sie nicht voll hinter Ihren Lernzielen stehen. Vielleicht gibt es in Ihnen Motive und Bedürfnisse, die dagegen steuern. Sie sind folglich in einem inneren Konflikt, der Sie lähmt. Sie können sich nicht aufraffen, aktiv zu sein, oder üben nur halbherzig. Klären Sie daher Ihre Motive und Lernziele genau.

Stellen Sie sicher, dass »Kopf« und »Bauch« in eine Richtung wollen. Stellen Sie sich die Frage, was Sie brauchen, um Ihr Lernziel aus tiefstem Herzen erreichen zu wollen. Welchen Nutzen müssen Sie sich vor Augen halten, um aktiv zu werden?

Warum sagt der Bauch »Nein«?

Tipp 4: Lernpartner einbinden

Eine der wirkungsvollsten Formen, ein neues Verhalten in der Praxis umzusetzen, besteht in der Strategie der sozialen Kontrolle. Weihen Sie eine Person Ihres Vertrauens ein, welches Verhalten Sie ändern möchten. Vereinbaren Sie, wie diese Person Sie als Lernpartner an Ihr Vorhaben erinnern soll. Beispiel: Sie bitten Ihren Kollegen, der Ihnen am Arbeitsplatz gegenübersitzt, die Hand zu heben, wenn Sie bei einem Telefonat mit einem Kunden beginnen, emotional zu reagieren. Schon allein die Tatsache, dass Sie anderen von Ihren Vorsätzen erzählen und diese damit öffentlich machen, fördert Ihre eigene Verbindlichkeit für die Umsetzung.

Auch wichtig: Suchen Sie den Kontakt zu Personen, die Ihnen Rat und Anleitung geben können, wenn es mit der Umsetzung nicht richtig klappt. So sparen Sie sich Zeit und kommen schneller an Ihr Ziel. Falls Sie andere nicht um Hilfe und Feedback bitten wollen, gehen Sie doch mal der Frage nach, warum Sie lieber Einzelkämpfer sind und diese Umsetzungsstrategie verschenken wollen. Ist es Ihnen vielleicht peinlich, weil Sie den Anspruch haben, es allein schaffen zu müssen? Denken Sie, das kostet Sie zu viel Zeit? Oder wollen Sie sich anderen nicht verpflichtet fühlen?

Weg vom Einzelkämpfertum

Faktor »Rückfallmanagement im Arbeitsalltag«

Tipp 1: Verbindlichkeit erhöhen

Kennen Sie die Geschichte von Buchautor Stephen R. Covey über einen Spaziergänger, der Waldarbeiter bei Baumfallarbeiten trifft und sich wundert, warum diese mit einer stumpfen Säge sägen? Als er nachfragt, warum sie die Säge nicht schärfen, sagen die Männer: »Keine Zeit.« Die Moral von der Geschichte ist: Anstatt die Priorität darauf zu legen, etwas zu verbessern, wird lieber mit einem stumpfen Werkzeug suboptimal weitergearbeitet. Dahinter steckt der psychologische Mechanismus der Erfolgsmusterfalle. Danach verändern wir bisherige Denk- und Verhaltensmuster nicht, weil wir damit ganz erfolgreich zurechtkommen. Typischer Satz: »Es läuft ja irgendwie.«

Stumpfe Säge

Erkennen Sie die Erfolgsmusterfalle als Strategie Ihres Gehirns, Sie vor Veränderung zu schützen. Dann kann es keine »Spielchen mehr mit Ihnen treiben«. Oft gelingt es, indem Sie sich bewusst fragen: Welchen Nutzen habe ich, wenn ich mich nicht verändere? Schreiben Sie alle Vorteile auf, damit Sie ein klares Bild bekommen. Vielfach scheuen wir die Energie und den Aufwand, unsere Komfortzone zu verlassen. Fragen Sie sich dann: Was bräuchte es, damit ich die Umsetzung meiner Lernvorsätze jeden Tag als oberste Priorität verfolge? Wie kann ich dafür die Verbindlichkeit bei mir steigern?

Vorsicht Falle – »es läuft ja«

Tipp 2: Geduld mit sich haben

Viele Menschen sind mit sich selbst ungeduldig, wenn es um Veränderungen geht. Sie unterschätzen den Zeitaufwand. Ein gut untersuchtes Phänomen in der Psychologie ist das sogenannte »False-Hope-Syndrom«. Darunter werden unrealistische Annahmen über Veränderungsprozesse zusammengefasst, die zwangsläufig zum Scheitern führen. Am häufigsten ist dabei die Annahme anzutreffen, Veränderung ginge einfach und schnell. Enttarnen Sie diese falschen Vorstellungen in Ihrem Alltag. Denn nur mit einer realistischen Einschätzung gelingt es, am Ball zu bleiben. Nutzen Sie die Erkenntnisse aus der Hirnforschung, um sich klarzumachen, warum es Zeit braucht, neue Fertigkeiten und Gewohnheiten aufzubauen. Diese entstehen nämlich dadurch, dass bestimmte Nervenzellen im Gehirn immer stärker miteinander verbunden werden. Das passiert durch Übung und Training. Je öfter eine solche Verbindung aktiviert wird, umso mehr wird die sogenannte Bahnung verstärkt. Plakativ gesagt entsteht eine viel befahrene »Datenautobahn«. Der Aufbau neuer Gewohnheiten bedeutet, eine alte Datenautobahn stillzulegen und dafür eine neue zu bauen. Verhaltensänderungen dauern umso länger, je länger bestimmte Verhaltensweisen bestehen oder mit grundlegenden Einstellungen verbunden sind.

False-Hope-Syndrom

Tipp 3: Vorboten für einen Rückfall erkennen

Gerade unter Zeitnot und im Stress ist der Rückfall in alte Muster sehr wahrscheinlich. Sie können jedoch etwas dagegen tun, indem Sie lernen, Vorboten für einen Rückfall zu erkennen. Das Prinzip ist ähnlich wie bei einem Erdbeben. Da gibt es zunächst leichte und dann immer deutlichere seismografische Anzeichen, bis irgendwann die Erde bebt und auseinanderbricht. Überlegen Sie: Was ist der erste, der zweite oder gar der dritte Vorbote?

Prinzip Erdbeben

Beispiel: Anstatt Vorwürfe zu machen, wollen Sie eine konstruktive Verhaltensrückmeldung geben. Bevor Sie den Vorwurf aussprechen, könnte der erste Vorbote das Gefühl aufsteigenden Ärgers sein und der zweite Vorbote der Gedanke: »Ich habe es dem anderen doch schon mal gesagt.«

Notfallpläne schmieden

Nachdem Sie Ihre Vorboten kennen, ist es wichtig, einen Notfallplan zu definieren. Der sagt Ihnen, was zu tun ist, damit Sie es schaffen, im Sinne neuer Verhaltensweisen zu handeln. Im eben genannten Beispiel könnte der Notfallplan beim ersten Vorboten sein, dass Sie tief Luft holen und sich sagen: »Achtung, wenn ich jetzt mit diesem Ärger ins Gespräch gehe, wird es zum Streit kommen. Entspann Dich!« Notfallpläne sind sehr individuell. Sie müssen für sich herausarbeiten, was am besten funktioniert. Sobald Sie einen Vorboten für den Rückfall bemerken, ist es entscheidend, sich innerlich »Stopp – Vorsicht altes Muster!« zu sagen. Das erhöht die Chance, den Notfallplan auszuführen. Dieser innere Stopp sollte sich so anfühlen wie ein Stock, den man in eine sich drehende Fahrradspeiche hält. Denn nur so gelingt es, den Automatismus der Gewohnheit zu unterbrechen. Das innere Stoppsignal können Sie am besten durch eine körperliche Bewegung unterstützen, indem Sie zum Beispiel von Ihrem Sitzplatz aufstehen oder eine bestimmte Geste machen. Finden Sie dazu den für Sie geeigneten Weg.

Faktor »Positives Selbstgespräch bei Rückschlägen«

Tipp 1: Stopp-Technik einsetzen

Bei Verhaltensänderungen ist der Rückfall in den alten Trott ganz normal. Die Art, wie Sie mit einem Rückfall umgehen, hat einen starken Einfluss darauf, ob Sie am Ball bleiben oder aufgeben. Dabei gibt es besonders ungünstige innere Dialoge. Wenn Sie den Rückfall als eine Katastrophe, mangelnde Willensstärke oder als persönliches Versagen betrachten und sich in zermürbenden Selbstvorwürfen aufreiben, dann demotivieren Sie sich selbst. Und nicht nur das: Sie entwickeln ein negatives Selbstbild. Ihre Zuversicht, Verhaltensänderungen selbst zu schaffen, sinkt. Sie fangen im schlimmsten Fall gar nicht mehr mit Veränderungsvorhaben an. Solche negativen inneren Dialoge passieren schnell und automatisch.

Der Feind im eigenen Kopf

Machen Sie sich Ihre inneren Dialoge bewusst, wenn Ihnen Verhaltensänderungen in bestimmten (Risiko-)Situationen nicht gleich gelingen. Was sagen Sie dann zu sich? Vielleicht: »Ich habe es schon wieder nicht geschafft.

Das wird nie etwas«? Sagen Sie selbst »Stopp« zu sich. Ersetzen Sie den Negativ-Dialog durch Sätze wie »Ich erkenne, was ich schon geschafft habe« oder »Rückschritte in alte Muster sind normal. Es gilt einfach dranzubleiben.« Es ist Ihre Entscheidung, wie Ihr innerer Dialog aussieht – transferförderlich oder transferhemmend.

Tipp 2: Kleine Erfolge sehen

Millimeterarbeit wertschätzen

Gehören Sie zu den Menschen, die gern das große Ziel vor Augen haben? Haben Sie überdies auch noch hohe Ansprüche an sich selbst? Dann wird ihr Fokus besonders darauf gerichtet sein, was noch fehlt, um den gewünschten Lern- und Veränderungserfolg zu erreichen. Entwicklung und Veränderung verlaufen jedoch selten schlagartig. Vielmehr sind es kleine Veränderungen, manchmal kaum merklich. Je nachdem wie aufwendig ein Veränderungsziel ist, kann es sogar Millimeterarbeit bedeuten. Um in einem solchen Entwicklungsprozess motiviert am Ball zu bleiben, ist es wichtig, dass Sie kleine und kleinste Fortschritte wahrnehmen und würdigen. Denken Sie nach dem Motto »Was hat schon ein bisschen funktioniert?« oder »Welchen ersten kleinen Schritt habe ich schon geschafft?«

Tipp 3: Nutzen realistisch einschätzen

Zu hohe Erwartungen

Wer sich vornimmt, etwas zu verändern, knüpft daran bestimmte Erwartungen. Enttäuschung ist programmiert, wenn diese Erwartungen viel zu hoch sind. Machen Sie sich bewusst, woran es liegt, dass Sie mehr erwarten, als hinterher herauskommt. Sind es falsche Versprechungen, die Sie in die Irre führen? Ist es Ihr Wunschdenken? Dieses Phänomen kennen Sie vielleicht besonders aus dem Bereich der Ernährung. Diäten versprechen schnelles Abnehmen. Die Realität sieht dann aber ganz anders aus. Auch Seminaranbieter neigen zu Übertreibungen. Da wird zum Beispiel gesagt: »Lernen Sie an nur einem Tag, wie Sie mit den richtigen Fragen in nur wenigen Tagen Ihren Umsatz verdoppeln«. Nach dem Seminar merken Sie, dass dies nicht so einfach passiert. Sie sind enttäuscht. Doch der Anbieter hat sich nur Ihre unrealistischen Erwartungen und Ihr Wunschdenken als Werbeargument zunutze gemacht.

Halten Sie sich vor Augen, wie Entwicklungs- und Veränderungsprozesse funktionieren. So gelingt es Ihnen, zu erwartende Effekte von Verhaltensänderungen realistisch einzuschätzen und sich selbst gut zuzureden, wenn es mal wieder Rückschläge bei der Umsetzung von Vorsätzen gibt.

Im nächsten Schritt lesen Sie nun die Tipps für die einzelnen Faktoren des unterstützenden Umfelds. Einen Überblick dazu gibt Ihnen die nachfolgende Abbildung.

Transferförderliches Umfeld

Interessierter Chef	Motivierende Teamkultur	Zeit für Neues
1. Chef einbinden 2. Umsetzungserfolg sichtbar machen 3. Selbst Feedback einholen	1. Immunisieren 2. Gleichgesinnte suchen 3. Transparenz schaffen	1. Vom Zeitopfer zum Zeitgestalter 2. Zeitbedarf definieren und Lernzeiten einfordern 3. Fokussieren und reduzieren

Abbildung 8: Tipps für mehr Unterstützung aus dem Umfeld

Lernen Sie jetzt die einzelnen Handlungsempfehlungen der Reihe nach kennen.

Faktor »Interessierter Chef«

Tipp 1: Chef einbinden

Vertrauensvorschuss bestärken

Vermutlich erwartet Ihr Chef von Ihnen – so wie die meisten Vorgesetzten – eine hohe Selbstverantwortung in Hinblick auf die Umsetzung von Fortbildungsinhalten. Er vertraut darauf, dass Sie zum Wohl des Unternehmens Gelerntes anwenden, üben und trainieren. Werden Sie aktiv, um zu zeigen, dass Ihr Chef Ihnen zu Recht den Vertrauensvorschuss gibt. Machen Sie ihm aus eigener Initiative sichtbar, was Sie nach einer Fortbildung in der Praxis umsetzen wollen und wie Sie dadurch Ihre Arbeitsziele besser erreichen. So fördern Sie sein Interesse und ein offenes Ohr für das, was Sie als Unterstützung benötigen. Zugleich ist dies ein Motor dafür, dass Sie selbst Ihre Vorsätze ernst nehmen.

Tipp 2: Umsetzungserfolg sichtbar machen

Visibility ist Trumpf

Gerade wenn ein Vorgesetzter viele Mitarbeiter hat und diese auch nicht jeden Tag bei ihrer Arbeit sieht, kann der Einzelne leicht aus dem Blickwinkel geraten. Chefs nehmen oft an, dass alles läuft, wenn sich der Mitarbeiter nicht von sich aus meldet. Wenn Ihr Chef also nicht nachfragt, was Ihnen die Fortbildung gebracht hat, werten Sie dies nicht als böse Absicht. Gehen Sie stattdessen auf Ihren Chef zu und machen Sie ihm sichtbar, welchen Nutzen Ihnen der Besuch der Fortbildung gebracht hat und wie auch Ihr

Chef bzw. Ihre Firma davon profitiert. Das wird ihn freuen, da er schließlich die Maßnahme bezahlt hat. Für Sie selbst hat dieses Vorgehen den Vorteil, dass Sie Ihre Erfolge bewusst erkennen. Das fördert Ihre Motivation, am Ball zu bleiben. Gleichzeitig ist es leichter, von Ihrem Chef Unterstützung zu bekommen. Denn er merkt, dass Sie engagiert dabei sind und sich sein Einsatz für Sie lohnt.

Tipp 3: Selbst Feedback einholen

Die meisten Vorgesetzten haben aufgrund vielfältiger Aufgaben und Verantwortlichkeiten wenig Zeit. Dadurch kommen Feedback- und Entwicklungsgespräche zu kurz. Anstatt sich darüber zu ärgern, gehen Sie auf Ihren Chef zu und bitten Sie ihn um einen Termin für ein Gespräch. Dies ist besonders dann ratsam, wenn der Besuch einer Fortbildung durch Ihren Chef angeregt wurde. Bringen Sie in Erfahrung, ob er Ihre Umsetzungsbemühungen bemerkt und ob es in die Richtung geht, die er sich vorstellt. Fragen Sie aktiv nach Feedback. So wird Ihnen bewusst, ob Sie auch das umsetzen, was Ihrem Chef wichtig ist. Das Gespräch hat für Sie den Vorteil, dass Sie sich abgleichen und gegebenenfalls die Schwerpunkte für die Umsetzung nochmal neu ordnen können.

Erfahren, ob es passt

Faktor »Motivierende Teamkultur«

Tipp 1: Immunisieren

Schnell ist der Eindruck da, dass die Arbeitsatmosphäre in der Firma wenig geeignet ist, Gelerntes umzusetzen und bisheriges Handeln zu verändern. Doch Vorsicht: Oftmals gibt es mehr Spielräume, als Sie denken. So sind es manchmal nur einige wenige Kollegen, die sinnvolle Veränderungen blockieren oder andere belächeln. Ergreifen Sie die Initiative. Holen Sie sich die Meinung von vertrauten Kollegen ein, um Ihre Sicht abzugleichen. Und sollte sich Ihr Eindruck bestärken, sprechen Sie mit diesen Kollegen, wie Sie am besten vorgehen, um Ihren Lern- und Veränderungsbemühungen den Weg zu bahnen. Gemeinsam finden sich oft leichter Lösungen. Falls nicht, bleibt nur noch, dass Sie sich gegenüber den ungünstigen Rahmenbedingungen immunisieren. Machen Sie sich bewusst, was Ihre Nachteile sind, wenn Sie sich davon herunterziehen lassen. Gehen Sie Ihren Weg, wenn die Nachteile des Nicht-Handelns zu sehr überwiegen.

Abwehrreaktionen analysieren

Tipp 2: Gleichgesinnte suchen

Kollegen sind nicht alle gleich. Es gibt meistens einige, zu denen Sie eher einen Draht haben und die auch eher bereit sind, Sie zu unterstützen. Vor allem dann, wenn Sie nett nachfragen. Konzentrieren Sie sich also auf die Menschen, die Ihnen Unterstützung geben, und blenden Sie die anderen aus. Darüber hinaus können Sie einen Beitrag für eine lernförderliche Lernkultur im Team leisten. Respekt, Wertschätzung, Unterstützung – das sind Werte in einem Team, die sich entwickeln lassen, indem Sie mit gutem Beispiel vorangehen. Bieten Sie selbst Hilfe und Unterstützung an, wenn Sie merken, dass es dafür eine geeignete Gelegenheit gibt. Fördern Sie durch Ihr Verhalten das gegenseitige Lernen. Auf diese Weise entwickeln sich neue Werte und Normen im Team, von denen Sie selbst auch wieder profitieren.

Mit gutem Beispiel vorangehen

Tipp 3: Transparenz schaffen

Wenn Sie sich verändern, hat dies meistens auch Einfluss auf die Menschen um Sie herum. Je mehr langjährige Privilegien und persönliche Vorteile betroffen sind, umso stärker können Abwehrreaktionen sein. Das ist ganz normal. Lassen Sie sich nicht einschüchtern, wenn jemand sagt: »Was ist denn mit Dir los? Das hast Du ja noch nie gemacht. Bist Du krank?« oder »Hast Du ein neues Buch gelesen?« Bleiben Sie gelassen und fragen Sie: »Was meinst Du genau? Was fällt Dir auf?« Klären Sie dann: »Und wie findest Du es?« Wenn es genau die Wirkung hat, die Sie sich vorgenommen haben, sagen Sie entspannt: »Schön, dass es Dir auffällt. Ich arbeite hier auch an mir.« Gehen Sie in den Dialog. Machen Sie deutlich, warum Sie sich verändern wollen. Zeigen Sie den Nutzen auf, den der andere dadurch hat. Werben Sie für Verständnis. Bitten Sie um Unterstützung.

Abwehrreaktionen parieren

Faktor »Zeit für Neues«

Tipp 1: Vom Zeitopfer zum Zeitgestalter

Die Aussage »Ich habe keine Zeit« kommt schnell über die Lippen. Doch überlegen Sie mal, ob das tatsächlich so ist. Grundsätzlich lassen sich zwei Typen von Menschen unterscheiden: die Gestalter und die Opfer. Gestalter sind überzeugt, dass sie ihre Geschicke durch ihr Handeln steuern können. Opfer schätzen ihren Einfluss als gering ein. Typische Sätze sind: »Ich hätte ja gerne... Aber leider konnte ich nicht, denn...« Wenn Sie immer denken »Ich habe keine Zeit« begeben Sie sich aus Transfersicht in die Opferhaltung. Eine spannende Frage ist nun, welche Vorteile diese Haltung eigentlich bringt? Geht es hier zum Beispiel um Bequemlichkeit? Gehen Sie lösungsorientiert heran: Überlegen Sie stattdessen, wie viel Zeit Sie tatsächlich benötigen. Es macht nämlich einen Unterschied, ob Sie Zeit brauchen, um Gelerntes zu üben oder Fortbildungsinhalte nachzubereiten, oder ob sie im Tagesgeschäft »nur« umdenken müssen.

Welchen Vorteil hat es Opfer zu sein?

Beispiel: Sie wollen künftig mehr Fragen stellen, um besser argumentieren zu können. Bisher haben Sie Ihre Gesprächspartner »zugetextet«. Diese Verhaltensänderung braucht nicht viel Zeit, sondern nur die Energie des Umdenkens. Seien Sie sich also gewiss, dass es meistens Zeitspielräume gibt, die Sie nur erkennen und dann natürlich auch nutzen müssen. Am Anfang steht Ihre Entscheidung, ein Zeitgestalter für Ihren Lerntransfer sein zu wollen.

Tipp 2: Zeitbedarf und Lernzeiten definieren

Wenn Sie durch Arbeitsprozesse bedingt kaum die Möglichkeit haben, Ihre Zeit selbst einzuteilen, bleibt nur der Gang zu Ihrem Chef, um mit ihm zu besprechen, inwiefern Sie bestimmte Lernzeiten bekommen können. Ihr Chef muss dazu verstehen, wieso die Lernzeit erforderlich ist, und auch merken, dass die zur Verfügung gestellte Zeit einen Nutzen bringt. Überlegen Sie sich daher zuerst, wie viel Zeit Sie genau brauchen, was Sie in dieser Zeit tun wollen und was der Mehrwert für Ihre Arbeit ist.

Für das eigene Lernen kämpfen

Tipp3: Fokussieren und Reduzieren

Wenn das Arbeitsaufkommen hoch und die Zeit knapp ist, kommt es darauf an, dass Sie Ihre Kräfte bündeln. Beschränken Sie sich auf das, was eine hohe Wichtigkeit für Sie hat. Weniger ist mehr. Entscheiden Sie sich bewusst, welches Lernziel Sie trotz der Anforderungen des Tagesgeschäfts konsequent verfolgen wollen. Dafür lohnt es sich dann auch, Zeitspielräume zu erkämpfen. Denn zu viel auf einmal überfordert leicht Ihre Willenskraft und Disziplin. Frustration und Zielaufgabe sind die Folge.

Nachdem Sie nun alle Tipps kennen, beschreibe ich Ihnen nun, wie Sie die Ergebnisse aus dem Transferstärke-Bogen und die erwähnten Handlungstipps für Ihre Teilnehmer aufbereiten. Sie erstellen dazu nämlich eine persönliche To-do-Liste.

Aufbereitung der Tipps für den Teilnehmer

To-do-Liste für den Teilnehmer

Kehren wir zurück zu unserem Beispiel mit Peter aus dem Einkauf, der an Ihrem Seminar »Gestern Kollege, morgen Vorgesetzter« teilnehmen wird. Ein wichtiges Lernziel für ihn ist, seine knappe Zeit besser zu managen. Sie haben von ihm den ausgefüllten Transferstärke-Fragebogen zurückgesendet bekommen und können nun sehen, bei welchen Antworten er nicht so stark zugestimmt hat. Fragen, bei denen er 80 Prozent und weniger angegeben hat, bedeuten aus Sicht des Transferstärke-Modells ein Risiko für den Lerntransfer. Deshalb bekommt Peter dazu von Ihnen die jeweils passenden Handlungstipps aus der Transferstärke-Toolbox als Aktionsplan zugeschickt. Im Auswertungsgespräch gilt es dann genauer herauszuarbeiten, in welcher Weise Ihr Teilnehmer diese Tipps für sich am besten nutzen kann. Dabei ist zu bedenken, dass Tipps ein unterschiedliches Gewicht haben, je nachdem, wie die Prozentzahl bei der jeweiligen Frage aussieht. Wenn die Antwort auf eine Frage also bei 20 Prozent liegt, ist die ermittelte Transferbarriere stärker, als wenn sie bei 80 Prozent liegt.

Prozentzahlen bei Tipps im Auge behalten

So kommt beim Faktor »Rückfallmanagement im Arbeitsalltag« zum Ausdruck, dass Peter in seinem Arbeitsalltag die Umsetzung von Lernerkenntnissen zu wenig priorisiert. Folglich erhält er den Tipp »Verbindlichkeit erhöhen« und dazu den entsprechenden Textbaustein. Dazu füllen Sie die Vorlage »Persönlicher Aktionsplan – Ihre transferstarke Umsetzungsstrategie« aus. Die folgende Abbildung zeigt Ihnen das Beispiel grafisch.

Es gibt natürlich auch Fälle, in denen Teilnehmer in den meisten Bereichen gut aufgestellt sind. Dann können Sie abwägen, ob Sie Ihrem Teilnehmer trotzdem noch Tipps zum »Feintuning« übersenden, zum Beispiel für Aussagen, die über 80 Prozent liegen. Auch hier können Sie meistens noch gute Impulse setzen. Gerade transferstarke Teilnehmer sind auch begierig Neues dazu zulernen. Eine leere Liste frustriert viele eher, als dass sie sich ihrer Stärken erfreuen.

PERSÖNLICHER AKTIONSPLAN

IHRE TRANSFERSTÄRKE-UMSETZUNGSSTRATEGIE

Ihr Lernziel:

Knappe Zeit besser managen

Übersicht: Tipps für Sie, um Ihre persönliche Transferstärke zu fördern

Offenheit für Fortbildungsimpulse	Selbstverantwortung für den Umsetzungserfolg	Rückfallmanagement im Arbeitsalltag	Positives Selbstgespräch bei Rückschlägen
✓ Übungen als geschützten Raum betrachten ✓ Nach dem Edison-Prinzip denken	✓ Keine Maßnahmen erforderlich	✓ Verbindlichkeit erhöhen ✓ Geduld mit sich haben ✓ Vorboten erkennen für Rückfallvorbeuge	✓ Keine Maßnahmen erforderlich

Details zu den Tipps: So stellen Sie die Umsetzung Ihrer Lernziele sicher.

Nr.	Faktor	To-dos – Transferstärke fördern
2	**Rückfall-management im Arbeits-alltag**	**Tipp 1: Verbindlichkeit erhöhen** Kennen Sie die Geschichte von Buchautor Stephen R. Covey über einen Spaziergänger, der Waldarbeiter bei Baumfallarbeiten trifft und sich wundert, warum diese mit einer stumpfen Säge sägen? Als er nachfragt, warum sie die Säge nicht schärfen, sagen die Männer: »Keine Zeit.« Die Moral von der Geschichte ist: Anstatt die Priorität darauf zu legen, etwas zu verbessern, wird lieber mit einem stumpfen Werkzeug suboptimal weitergearbeitet. Dahinter steckt der psychologische Mechanismus der Erfolgsmusterfalle. Danach verändern wir bisherige Denk- und Verhaltensmuster nicht, weil wir damit ganz gut zurechtkommen. Typischer Satz: »Es läuft ja irgendwie.« Erkennen Sie die Erfolgsmusterfalle als Strategie Ihres Gehirns, Sie vor Veränderung zu schützen. Dann kann es keine »Spielchen mehr mit Ihnen treiben«. Oft gelingt es, indem Sie sich bewusst fragen: Welchen Nutzen habe ich, wenn ich mich nicht verändere? Schreiben Sie alle Vorteile auf, damit Sie ein klares Bild bekommen. Vielfach scheuen wir die Energie und den Aufwand, unsere Komfortzone zu verlassen. Fragen Sie sich dann: Was bräuchte es, damit ich die Umsetzung meiner Lernvorsätze jeden Tag als oberste Priorität verfolge? Wie kann ich dafür die Verbindlichkeit bei mir steigern? **Tipp 2: Geduld mit sich haben** Viele Menschen sind mit sich selbst ungeduldig, wenn es um Veränderungen geht. Sie unterschätzen den Zeitaufwand. Ein gut untersuchtes Phänomen in der Psychologie ist das sogenannte »False-Hope-Syndrom«. Darunter werden unrealistische Annahmen über Veränderungsprozesse zusammengefasst, die zwangsläufig zum Scheitern führen. Am häufigsten ist dabei die Annahme anzutreffen, Veränderung ginge einfach und schnell. Enttarnen Sie diese falschen Vorstellungen in Ihrem Alltag. Denn nur mit einer realistischen Einschätzung gelingt es, am Ball zu bleiben. Nutzen Sie die Erkenntnisse aus der Hirnforschung, um sich klarzumachen, warum es Zeit braucht, neue Fertigkeiten und Gewohnheiten aufzubauen. Diese entstehen nämlich dadurch, dass bestimmte Nervenzellen im Gehirn immer stärker miteinander verbunden werden. Das passiert durch Übung und Training. Je öfter eine solche Verbindung aktiviert wird, umso mehr wird die sogenannte Bahnung verstärkt. Plakativ gesagt entsteht eine viel befahrene »Datenautobahn«. Der Aufbau neuer Gewohnheiten bedeutet, eine alte Datenautobahn stillzulegen und dafür eine neue zu bauen. Verhaltensänderungen dauern umso länger, je länger bestimmte Verhaltensweisen bestehen oder mit grundlegenden Einstellungen verbunden sind.

Abbildung 9: Auszug aus der To-do-Liste, um die Transferstärke zu fördern

Ausgehend von den Fragen im Fragebogen habe ich Ihnen nochmal eine Kurzübersicht zusammengestellt, in der Sie auf einen Blick sehen, welche Transferbarrieren es pro Transferstärke-Faktor gibt und wie der dazu passende Tipp lautet.

Zusammenhang Transferbarrieren und Tipps

Faktor	Transferbarriere	Handlungstipp
Offenheit für Fortbildungsimpulse	Skepsis bei Übungen	Übungen als geschützten Raum betrachten
	Skepsis bei Tipps wider die eigene Erfahrung	Nach dem Edison-Prinzip denken
	Viele Fortbildungsinhalte nicht brauchbar	Fortbildungen mitgestalten
	Tipps nicht gut auf sich übertragen können	Wiederholungsprinzip bedenken
Selbstverantwortung für den Umsetzungserfolg	Nicht gut darin, sich selbst etwas beizubringen	Kleine machbare Teilschritte definieren
	Keine konkrete Umsetzungsplanung	Kopfkino einsetzen
	Keine Übung, Anwendung, Vertiefung	Nutzen vor Augen halten
	Keine Hilfe holen, wenn es nicht klappt	Lernpartner einbinden
Rückfallmanagement im Arbeitsalltag	Umsetzung nicht priorisiert	Verbindlichkeit erhöhen
	Zeitaufwand falsch eingeschätzt	Doppelt so viel Zeit einplanen
	Rückfälle passieren unter Stress, Zeitdruck	Vorboten erkennen für Rückfallvorbeuge
Positives Selbstgespräch bei Rückschlägen	Rückschläge entmutigen	Stopp-Technik einsetzen
	Nur Blick auf das, was nicht klappt	Kleine Erfolge sehen
	Falsche Erwartungen an Veränderungseffekte	Nutzen realistisch einschätzen

Abbildung 10: To-do-Liste für mehr Transferstärke

Offenheit hat die erste Priorität

Am besten arbeiten Sie die To-do-Liste auch in dieser Reihenfolge ab. Gerade der Faktor »Offenheit für Fortbildungsimpulse« ist vor dem Training besonders wichtig. Denn wenn es schon vor dem Training Barrieren für den Transfer gibt, sollte sich der Teilnehmer dieser bewusst werden und später mit Ihnen im Auswertungsgespräch darüber sprechen, wie sich durch die Tipps mehr Offenheit für das anstehende Training erreichen lässt.

Beim Faktor »Selbstverantwortung für den Umsetzungserfolg« gilt es den Punkt »Keine Übung, Anwendung und Vertiefung« im Blick zu behalten. Da es bei einem Training wichtig ist, auch aktiv an Übungen teilzunehmen, stellt sich hier die Frage, wo genau die Transferbarrieren bei Ihrem Teilnehmer liegen, wenn das sein Thema ist. Mit zunehmender Übung und Vertiefung werden Sie merken, dass manche der Transferbarrieren in den verschiedenen Faktoren sich ergänzen bzw. zusammenspielen. Wenn ich später auf das Thema Auswertungsgespräch zu sprechen komme, gehe ich auf diesen Punkt nochmals näher ein.

Ergänzend zu den Transferbarrieren pro Transferstärke-Faktor lesen Sie nun auch eine Kurzübersicht der Transferbarrieren für das unterstützende Umfeld.

Faktor	Transferbarriere	Handlungstipp
Interessierter Chef	Fragt nicht nach Umsetzungsvorsätzen	Chef einbinden
	Fragt nicht nach Effekten einer Fortbildung	Umsetzungserfolge sichtbar machen
	Gibt von sich aus kein Feedback	Selbst Feedback einholen
Motivierende Teamkultur	Klima motiviert nicht für neue Wege	Immunisieren
	Keine Unterstützung bei Lernbemühungen	Gleichgesinnte suchen
	Abwehr und Unverständnis von Kollegen	Transparenz schaffen
Zeit für Neues	Keine Zeit für Neues	Vom Zeitopfer zum Zeitgestalter
	Nicht frei in der Zeiteinteilung	Zeitbedarf definieren und Lernzeiten einfordern
	Keine Zeit für Übung	Fokussieren und reduzieren

Abbildung 11: To-do-Liste zur Förderung eines unterstützenden Umfelds

Sonderfall: Keine Handlungstipps

Normalerweise werden Sie für Ihre Teilnehmer eine To-do-Liste erstellen können. Doch es gibt auch die Fälle, in denen Ihre Teilnehmer in allen Faktoren eine Ausprägung von 90 bis 100 haben. In dem Fall schreiben Sie »Herzlichen Glückwunsch«. Nutzen Sie dann diesen Textbaustein, wenn alle vier Faktoren der Transferstärke hoch ausgeprägt sind:

»Herzlichen Glückwunsch – alles im grünen Bereich. Wenn Sie das lesen, kann es sein, dass Sie vielleicht etwas enttäuscht sind, weil es nichts zu verbessern gibt. Leider sind wir ganz oft gewohnt, in Defiziten und Optimierung zu denken. Genießen Sie bitte Ihre Stärke. Freuen Sie sich über Ihr Ergebnis. Sie dürfen auch gerne ein bisschen stolz sein. Immer wieder ist festzustellen, dass Menschen – wie Sie – ihre hervorragenden Werte als ›ganz normal‹ betrachten und glauben, alle anderen sind auch so. Und gerade weil das so ist, gibt es einen wichtigen Punkt zu beachten: Wenn Sie mit Menschen zu tun haben, die nicht so hervorragend aufgestellt sind, kann es passieren, dass Sie an diese Menschen den gleichen Maßstab anlegen wie an sich selbst. Sie sehen vielleicht Ihre Art rund um Lernen, Entwicklung und Veränderung als allgemein üblich an. Halten Sie daher gedanklich inne und überlegen Sie, inwiefern es sein kann, dass Sie andere Menschen sogar überfordern – besonders diejenigen, die eher transferschwach sind.«

Zu viel Transferstärke kann auch einen Haken haben

Sind auch die Umfeldfaktoren alle hoch ausgeprägt, nutzen Sie diesen Textbaustein:

»Herzlichen Glückwunsch – alles im grünen Bereich. Immer wieder ist festzustellen, dass Menschen – wie Sie – ihre hervorragenden Werte für das unterstützende Umfeld als ›ganz normal‹ betrachten und eher enttäuscht sind, dass es keine ›Schwachpunkte‹ gibt. Freuen Sie sich bitte über Ihr Ergebnis. Versuchen Sie auch weiterhin, Ihren Teil dazu beizutragen, dass das Verhältnis zu Ihrem Chef und Ihren Kollegen so positiv und unterstützend bleibt. Außerdem gibt es einen wichtigen Punkt zu beachten: Gerade wenn Sie mit Menschen zu tun haben, die nicht so gute Rahmenbedingungen haben, kann es passieren, dass Sie an diese den gleichen Maßstab anlegen wie an sich selbst. Denn für Sie ist Ihre Situation rund um Lernen, Entwicklung und Veränderung ganz normal. Halten Sie daher inne und versuchen Sie ein genaues Bild davon zu bekommen, wie die Lernsituation dieser Menschen aussieht und wie Sie diese vielleicht sogar unterstützen können.«

Alles nicht selbstverständlich

Je nach Bedarf können Sie natürlich auch diese beiden Bausteine textlich anders gestalten.

Nachdem Sie den persönlichen Aktionsplan zusammengestellt und an Ihre Teilnehmer zurückgemailt haben, folgt nun im nächsten Kapitel das Auswertungsgespräch als zweiter Schritt in der Transferstärke-Methode. Peter ist da übrigens schon sehr gespannt drauf. Ihm geht es wie vielen Teilnehmern. Er hat zwar schon erste Impulse durch die To-do-Liste bekommen, aber so richtig vorstellen kann er sich noch nicht, wie er damit arbeiten soll.

Auswertungsgespräch steht an

Im Detail: Auswertungsgespräch

↗ 04

Gesprächsleitfaden

Im zweiten Schritt der Transferstärke-Methode besprechen Sie mit Ihrem Trainingsteilnehmer seinen Transferstärke-Auswertungsbericht. Damit ist einmal das grafisch aufbereitete Transferstärke-Profil gemeint, das der Teilnehmer auf der Grundlage der Fragen selbst erstellt hat. Wenn ich vom Transferstärke-Profil spreche, meine ich sowohl die vier Faktoren zur Person als auch die drei Faktoren zum eigenen Umfeld. Außerdem gehört dazu die To-do-Liste »Persönlicher Aktionsplan – Ihre transferstarke Umsetzungsstrategie« mit den Handlungstipps, die Sie ihm passend zu seinem Profil erstellt und übersendet haben.

Transferstärke-Profil – Person und Umfeld

Typischerweise erfolgt das Gespräch am Telefon. Grundsätzlich ginge auch eine Webkonferenz. Doch per Telefon ist es in der Regel einfacher. Ihr Teilnehmer braucht keine technischen Voraussetzungen, muss keine Webkonferenz-Software installieren und ist auch örtlich ungebunden. Ebenso brauchen Sie sich über Datenschutz keine Gedanken zu machen. Dies ist anders, wenn Sie einen Anbieter für eine Online-Besprechung nutzen.

Für das Gespräch benötigen Sie den folgenden Hintergrund, den Sie in diesem Kapitel kennenlernen:

- Gesprächsleitfaden zur Besprechung des Transferstärke-Auswertungsberichts
- Wissen zum Umgang mit Besonderheiten, die sich aus bestimmen Transferstärke-Profilen oder Teilnehmerreaktionen ergeben können

Das Gespräch über den Transferstärke-Auswertungsbericht ist von zentraler Bedeutung, damit Ihr Teilnehmer motiviert ist, mit seinen Ergebnissen aktiv und effektiv zu arbeiten. Meist dauert das Gespräch etwa 45 bis 60 Minuten. Bei Transferstärke-Profilen mit zahlreichen Risikofeldern braucht es etwas länger. Im Mittelpunkt steht der Dialog mit Ihrem Teilnehmer.

Motivation schaffen, mit dem Profil zu arbeiten

Die **zentralen Ziele** für das Gespräch sind:

- Der Teilnehmer erkennt dank seines Transferstärke-Profils seine Stärken und Entwicklungspotenziale im Umgang mit Lern- und Veränderungsimpulsen. Ihm wird bewusst, aufgrund welcher Stellschrauben die Umsetzung in der Vergangenheit vielleicht nicht optimal funktioniert hat. Darüber hinaus versteht er, in welcher Weise zentrale Faktoren aus seinem Arbeitsumfeld seinen Lerntransfer fördern oder behindern.

Bewusstsein für Stellschrauben des Lerntransfers

- Er versteht und weiß, wie er mit den Transferstärke-Tipps aus seiner To-do-Liste arbeiten muss, um von der anstehenden Fortbildung und von künftigen Fortbildungen maximal zu profitieren.
- Durch das Wissen über die eigene Transferstärke erhält der Teilnehmer einen Initialschub. Denn erstmals hat er schwarz auf weiß vor Augen, was er braucht, um sich selbst bei seinen Lern- und Veränderungszielen wirksam zu steuern. Dies spricht besonders Menschen an, die ein hohes Interesse haben, sich selbst persönlich weiterzuentwickeln. Gerade wenn sich zahlreiche Risikobereiche im Auswertungsbericht zeigen, gilt es den Teilnehmer emotional aufzufangen. Manche sind schockiert oder erschrocken, wenn Sie schriftlich sehen, was sie bisher nur als vages Gefühl geahnt haben: dass sie nämlich nicht so stark in der Umsetzung von Lern- und Veränderungsimpulsen sind. Vor diesem Hintergrund betonen Sie die gute Nachricht, dass Ihr Teilnehmer nun die Stellschrauben in der Hand hat, um aktuelle Entwicklungsziele sicher zu erreichen und gleichzeitig die eigene Transferstärke zu stärken.

Heilsamer Schock schafft Motivation

- Der Teilnehmer ist motiviert, mit den Erkenntnissen aus seinem Transferstärke-Profil aktiv weiterzuarbeiten.

Im Folgenden erfahren Sie nun, wie Sie sich am besten auf das Gespräch vorbereiten und wie Sie es systematisch und strukturiert führen. Am Beispiel von Peter werde ich Ihnen die verschiedenen Gesprächsphasen und damit verbundene Inhalte veranschaulichen. So bekommen Sie ein Bild davon, wie die Gespräche standardmäßig ablaufen.

Vorbereitung auf das Auswertungsgespräch

Vorbereitungszeit einplanen

- Nehmen Sie sich vor dem Gespräch etwas Zeit. Anfangs brauchen Sie vielleicht noch 15 Minuten. Wenn Sie geübt sind, reichen fünf Minuten aus.
- Schauen Sie sich das Transferstärke-Profil und die To-do-Liste Ihres Teilnehmers an. Sie müssen wissen, was jeder Faktor inhaltlich bedeutet, welche Aspekte darin stecken, welche Ausprägung jeder Faktor in Pro-

zent hat und was genau die Tipps im Aktionsplan besagen. All das Wissen brauchen Sie dann im Gespräch. Halten Sie auch im Blick, auf Basis welcher Prozentzahl ein Tipp aufgenommen wurde. Zur Erinnerung: Sie nehmen Tipps in die To-do-Liste auf, wenn auf eine Frage mit einer Zustimmung von 80 Prozent und weniger geantwortet wurde. Wenn die Antwort auf eine Frage also bei 20 Prozent liegt, ist die ermittelte Transferbarriere stärker, als wenn sie bei 80 Prozent liegt. Im Gespräch müssen Sie bei der Wortwahl darauf achten, ob ein Tipp sehr dringend zu beachten oder eher im Sinne eines Feintunings zu sehen ist. Im Dialog geht es dann darum, nochmals genauer herauszuarbeiten, wie die 20 bzw. 80 Prozent zu deuten sind, sprich, in welcher Weise sich die Transferbarriere genau äußert.

- Machen Sie sich die Stärken Ihres Teilnehmers für den Lerntransfer klar, damit Sie diese im Gespräch positiv hervorheben. Der Ansatz der Transferstärke-Methode verleitet dazu, nur über die Risikofelder zu sprechen. Doch es geht auch darum, Ihrem Teilnehmer bewusst zu machen, was er bereits gut kann bzw. was in seinem Umfeld förderlich ist. Allerdings ist es den meisten Teilnehmern wichtiger, über ihre Transferrisiken zu sprechen und wie sie diese überwinden können. Denn sie wollen sich verbessern.

So gerüstet gehen Sie dann in das Gespräch. Der folgende Gesprächsleitfaden hilft Ihnen dabei.

Gesprächsleitfaden hilft an alles zu denken

1. Einführung

Bei der Einführung des Transferstärke-Auswertungsgesprächs geht es vor allem darum, mit Ihrem Teilnehmer in Kontakt zu kommen, eine positive Beziehung zu ihm aufzubauen und ihm eine Orientierung über den Ablauf des Gesprächs zu geben. Denn das Gespräch ist meistens der Moment, in dem Sie mit ihm das erste Mal persönlich sprechen. Es sei denn zu Ihrem Training gehört eine Kick-Off-Veranstaltung, bei der Sie Ihre Teilnehmer schon kennengelernt haben.

Für die Phase des Einstiegs sind die folgenden Checkpunkte wichtig:

- **Orientierung geben, Ziele und Ablauf besprechen:** Verdeutlichen Sie das zentrale Ziel des Gesprächs. Beispiel: »Das Ziel unseres heutigen Telefonats ist, gemeinsam über Ihr Transferstärke-Profil und die To-do-Punkte im Aktionsplan zu sprechen. Wir schauen gemeinsam in die Ergebnisse hinein, damit Sie ein Gefühl dafür bekommen, was diese genau für das anstehende Training bedeuten und wie Sie damit wirksam arbeiten können, damit Sie möglichst viel von dem Training profitieren.«

- **Teilnehmer abholen:** Fragen Sie Ihren Teilnehmer aktiv, mit welchen Gefühlen oder Gedanken er in das Telefonat geht. Falls er nämlich skeptisch sein sollte, ist es gut, wenn Sie hierauf gleich zu Beginn eingehen können. Aber auch, wenn Ihr Teilnehmer neugierig und in gespannter freudiger Erwartung ist, macht es Sinn, dies zu wissen. Denn so können Sie auf diese Emotionen eingehen und den Aufbau des Kontakts fördern. Beispiel: »Mit welchen Gedanken gehen Sie in unser Telefonat? Was sind Ihre ersten Eindrücke zu den Unterlagen?«

Wie denkt der Teilnehmer über alles?

- **Digital oder Ausdruck?** Erkunden Sie auch, in welcher Form er den Auswertungsbericht vorliegen hat: als Datei am Bildschirm oder als Ausdruck? Diese Information ist wichtig für Sie, weil der Teilnehmer am Bildschirm bestimmte Seiten meistens schneller findet, als wenn er in den ausgedruckten Seiten blättert. Beim Ausdruck hat der Teilnehmer dagegen den Vorteil, dass er sich leichter Notizen am Rand machen kann. Für welche Form sich Ihre Teilnehmer entscheiden ist reine Geschmackssache. Nur ist wichtig, dass Sie die Ausgangsbasis kennen. Beispiel: »Wie haben Sie denn die Unterlagen vorliegen? Auf dem Bildschirm als Datei oder als Ausdruck?«
- **Offene Fragen:** Bevor es losgeht, fragen Sie Ihren Teilnehmer, ob er noch Fragen zum Prozess oder zu Ihrer Person hat. Meistens ist Letzteres nicht der Fall, gerade wenn Sie vorab ein paar Informationen zu sich als Trainer im Rahmen der Vorbereitungsaufgabe mit versendet haben. Beispiel: »Bevor wir starten – haben Sie noch Fragen an mich?«

2. Besprechung des Transferstärke-Profils

Im Mittelpunkt des gesamten Auswertungsgesprächs steht der Dialog mit Ihrem Teilnehmer. Dies gilt sowohl für die Besprechung des Transferstärke-Profils als auch der To-do-Liste. Denn nur so gelingt es, dass er genauer versteht, was diese ganzen Informationen genau für ihn bedeuten. Sind Sie dagegen zu sehr im Monolog, ist die Gefahr groß, dass Ihr Teilnehmer innerlich abschaltet. Achten Sie also auf ein ausgewogenes Wechselspiel zwischen Erklärung und aktiven Fragen. Dann merken Sie auch schnell, ob er den Sinn und die Ideen des Auswertungsberichts verstanden hat. Die zentrale Botschaft in dieser Phase ist, dass Ihr Teilnehmer begreift, dass es um seine Selbstverantwortung für den Lerntransfer geht und wie er seinen Trainingserfolg sicherstellen kann.

Dialog ist Trumpf

Für diese Gesprächsphase behalten Sie bitte folgende Checkpunkte im Blick:

- **Kurze Orientierung zum Ablauf:** Geben Sie Ihrem Teilnehmer einen Überblick, wie es jetzt im Detail weitergeht. Zuerst sprechen Sie mit ihm über sein Transferstärke-Profil, danach über die To-do-Liste.
- **Überblick auf Faktorenebene schaffen:** Im ersten Schritt schauen Sie mit Ihrem Teilnehmer auf die Transferstärke-Grafik, danach auf die Umfeld-Grafik. Dazu erzählen Sie Ihrem Teilnehmer kurz und bündig, was jeder einzelne Faktor inhaltlich bedeutet. Der Sinn dieser Darstellung ist, dass Ihr Teilnehmer einen plakativen und zusammenhängenden Überblick darüber bekommt, wo seine Stärken und Risikofelder für den Lerntransfer liegen. Er hat zwar den Fragebogen selbst ausgefüllt und auch die Grafiken erstellt, aber nun soll er sich diese Zusammenhänge nochmal bewusst vor Augen führen. Zur Veranschaulichung knüpfe ich wieder an das Beispiel von Peter an. In der folgenden Abbildung 12 sehen Sie seine beiden Profile, die er im Zuge der Vorbereitungsaufgabe erstellt hat.

Zusammenhänge verdeutlichen

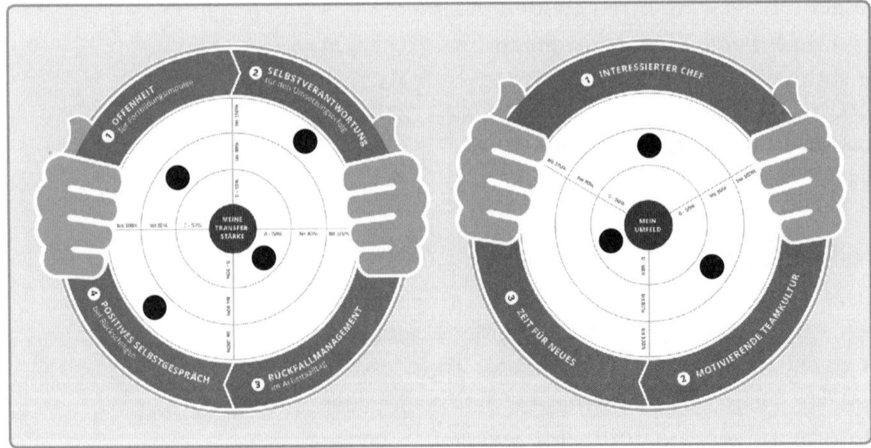

Abbildung 12: Peters Transferstärke- und Umfeld-Profil

Beispiel

Teilnehmer die Ergebnisse erklären

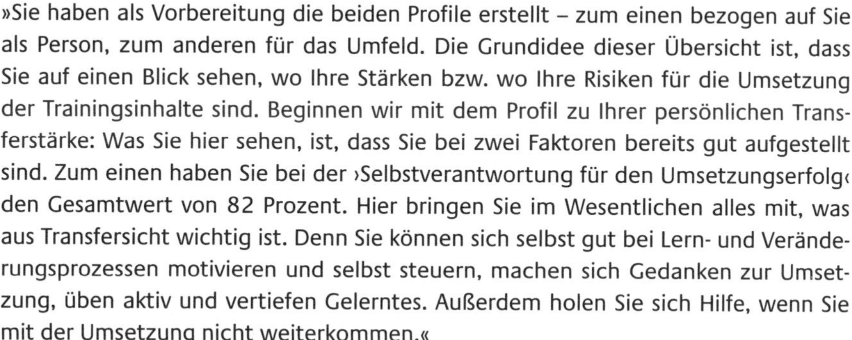

»Sie haben als Vorbereitung die beiden Profile erstellt – zum einen bezogen auf Sie als Person, zum anderen für das Umfeld. Die Grundidee dieser Übersicht ist, dass Sie auf einen Blick sehen, wo Ihre Stärken bzw. wo Ihre Risiken für die Umsetzung der Trainingsinhalte sind. Beginnen wir mit dem Profil zu Ihrer persönlichen Transferstärke: Was Sie hier sehen, ist, dass Sie bei zwei Faktoren bereits gut aufgestellt sind. Zum einen haben Sie bei der ›Selbstverantwortung für den Umsetzungserfolg‹ den Gesamtwert von 82 Prozent. Hier bringen Sie im Wesentlichen alles mit, was aus Transfersicht wichtig ist. Denn Sie können sich selbst gut bei Lern- und Veränderungsprozessen motivieren und selbst steuern, machen sich Gedanken zur Umsetzung, üben aktiv und vertiefen Gelerntes. Außerdem holen Sie sich Hilfe, wenn Sie mit der Umsetzung nicht weiterkommen.«

Wissen, was im Faktor steckt

Wie Sie an dem Beispiel merken, geht es darum, dass Sie in eigenen Worten beschreiben, was dieser Faktor bedeutet. Dazu haben Sie sich die Inhalte aus den Fragen zu jedem Faktor gemerkt und sprechen diese in eigenen Worten aus. Wenn ein Faktor dagegen im Risikobereich liegt – wie hier bei Peter der Faktor »Aktives Rückfallmanagement« –, müssen Sie die Negativausprägung in Worte fassen.

Beispiel

»Bei diesem Faktor haben Sie ein klares Risiko für den Umsetzungserfolg. Die geringe Ausprägung zeigt, dass Sie die Umsetzung von Lernerkenntnissen im Arbeitsalltag zu wenig priorisieren und es Ihnen auch schwerfällt, unter dem Stress- und Zeitdruck des Tagesgeschäfts neue Verhaltensweisen umzusetzen. Sie bleiben also in den gewohnten Verhaltensmustern. Hinzu kommt, dass Sie dazu neigen, den Zeit- und Arbeitsaufwand unrealistisch einzuschätzen. Und das birgt die Gefahr, dass Sie vielleicht gar nicht erst anfangen oder schnell frustriert aufhören.«

Wenn Sie die Faktoren in Ihren eigenen Worten beschreiben, ist es gerade bei den Faktoren, die eine mittlere Ausprägung aufweisen, wichtig, dass Sie im Kopf haben, welche Aspekte des Faktors hoch und welche gering ausgeprägt sind. Diese Information finden Sie in dem Fragebogen, den Ihr Teilnehmer ausgefüllt hat.

Beispiel

»Beim Faktor ›Interessierter Chef‹ geht es darum, inwiefern sich Ihr Chef für Ihren Trainingserfolg interessiert. Ihr Chef tut da schon einiges, was aus Lerntransfersicht förderlich ist. Er fragt nach, was Sie nach einer Fortbildung umsetzen wollen und ob eine Fortbildung den erwünschten Nutzen bringt. Allerdings kommt er nicht von sich aus auf Sie zu, um Ihnen Feedback zu geben, inwiefern Sie Gelerntes auch umsetzen.«

Wechselwirkungen verdeutlichen

- **Verbindung zwischen Person- und Umfeldfaktoren:** Stellen Sie die Verbindung zwischen Person- und Umfeldfaktoren her, damit Ihr Teilnehmer auch hier wichtige Zusammenhänge erkennt. Eine typische Konstellation ist, dass ein Teilnehmer nicht so gut in der Lage ist, Rückfälle in alte Verhaltensmuster im Tagesgeschäft zu steuern, und zugleich angibt, wenig Zeitkapazitäten im Arbeitsalltag zu haben. In dem Fall verschärft sich das Risiko für den Lerntransfer. Denn wenn die Zeit knapp ist, braucht es sogar noch ein viel effektiveres Rückfallmanagement. Wenn sich dann noch der Chef nicht sehr für den Lerntransfer interessiert, kommen drei Einflussfaktoren zusammen, die jede Chance für einen erfolgreichen Lerntransfer zunichtemachen: Der Teilnehmer hat keine Zeit, kann das Rückfallmanagement nicht – und sein Chef merkt nichts davon.

Zur Reflexion anregen

- **Fazit zum Ergebnis erfragen:** Nachdem Sie alle Faktoren dargestellt haben, fragen Sie Ihren Teilnehmer, was er in Summe über dieses Ergebnis denkt. Das Ziel ist, die Selbstreflexion des Teilnehmers anzuregen und auch zu erkunden, inwiefern die Impulse aus den Profilen bei ihm angekommen sind. Fragen können zum Beispiel sein: »Wie empfinden Sie das Auswertungsprofil? Was denken Sie darüber?« »Was bedeutet es für Sie und das anstehende Training?«

3. Besprechung der Transferstärke-Tipps (To-do-Liste)

Nun kommt der wichtigste Teil im Auswertungsgespräch. Sie sprechen mit Ihrem Teilnehmer darüber, wie er erkannte Transferrisiken so steuern kann, dass er mit großer Sicherheit die Umsetzung von Lernerkenntnissen in der Praxis schafft und zugleich seine Transferstärke stärkt. Zunächst geht es darum, dass Ihr Teilnehmer ein erstes Verständnis für die genannten Tipps auf der To-do-Liste bekommt und auch weiß, wie er die Hinweise im anstehenden Trainings- und Transferbegleitprozess am besten nutzt. Die beiden noch anschließenden Follow-up-Gespräche dienen zur Vertiefung und Festigung.

Die folgenden Checkpunkte geben Ihnen eine Hilfestellung, worauf Sie genau achten sollten:

Tipps schnell begreifbar machen

Grundidee der Tipps vermitteln: Sie haben Ihrem Teilnehmer vorab den Aktionsplan zugeschickt, sodass er die Gelegenheit hatte, sich einen Überblick über die Tipps zu verschaffen. Für das Gespräch nutzen Sie am besten nur die tabellarische Übersicht zu den Tipps. Die folgende Abbildung zeigt die Übersicht zu Peters To-do-Liste bei den vier Transferstärke-Faktoren. Genauso gibt es aber auch noch die Übersicht zu den drei Umfeld-Faktoren.

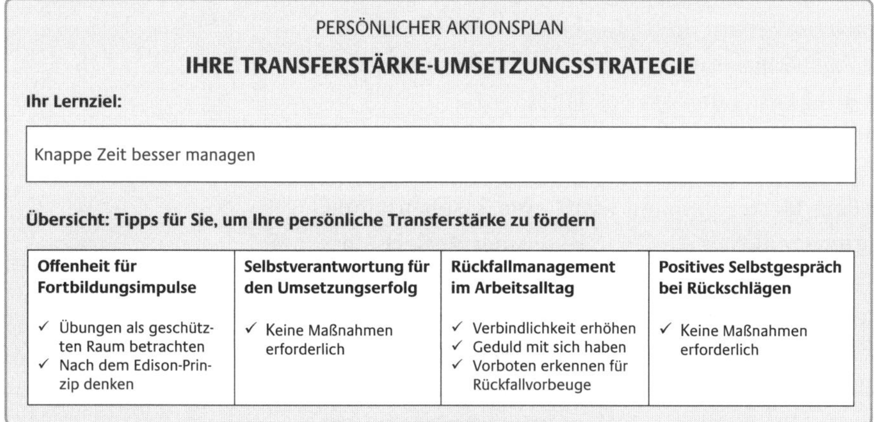
PERSÖNLICHER AKTIONSPLAN

IHRE TRANSFERSTÄRKE-UMSETZUNGSSTRATEGIE

Ihr Lernziel:

Knappe Zeit besser managen

Übersicht: Tipps für Sie, um Ihre persönliche Transferstärke zu fördern

Offenheit für Fortbildungsimpulse	Selbstverantwortung für den Umsetzungserfolg	Rückfallmanagement im Arbeitsalltag	Positives Selbstgespräch bei Rückschlägen
✓ Übungen als geschützten Raum betrachten ✓ Nach dem Edison-Prinzip denken	✓ Keine Maßnahmen erforderlich	✓ Verbindlichkeit erhöhen ✓ Geduld mit sich haben ✓ Vorboten erkennen für Rückfallvorbeuge	✓ Keine Maßnahmen erforderlich

Abbildung 13: Peters To-do-Liste zur Transferförderung

Cockpit zur Selbststeuerung

Die Botschaft an Ihren Teilnehmer ist, dass diese Tipp-Übersicht wie eine Art Cockpit zu verstehen ist. Er sieht auf einen Blick, an welchen Stellschrauben er quasi drehen muss, um seinen Transfer sicherzustellen. Das Cockpit zeigt ihm, wie er aktuell »tickt« – insbesondere in welchen Punkten er sich noch nicht optimal steuert. Das Ziel des Gesprächs ist nun, dass er das Knowhow hinter jeder Stellschraube versteht und anwendet. So erreicht er mit etwas Übung ein höheres Transferstärke-Level. Und das bedeutet, es gelingt ihm viel besser, Lern- und Veränderungsimpulse umzusetzen. Kurzum: Die Tipps braucht er nach der Übungszeit nicht mehr bewusst zu beachten, weil ihm die nötigen Einstellungen und Selbststeuerungstechniken nunmehr in Fleisch und Blut übergegangen sind.

Tipps erläutern

Gehen Sie die Tipps nacheinander mit Ihrem Teilnehmer durch und erklären Sie kurz die Kernidee jedes Tipps, die sich auch in der Tipp-Bezeichnung widerspiegelt. Arbeiten Sie zuerst alle Punkte rund um die persönliche Transferstärke ab. Erst danach gehen Sie auf das Umfeld ein. Fragen Sie jeweils aktiv nach, wie Ihr Teilnehmer über einen Tipp denkt und inwiefern er diesen versteht.

Starten Sie das Gespräch über die Tipps mit den Punkten zum Faktor »Offenheit«. Wenn nämlich Ihr Teilnehmer Fortbildungen gegenüber nicht offen ist, können die damit verbundenen Einstellungen auch gegenüber der Transferstärke-Methode zum Ausdruck kommen. Insofern ist es wichtig, hier erst einmal die Basis für Offenheit zu schaffen.

Anknüpfungspunkte im Gespräch nutzen

Auf vertiefende Feinheiten, die in den Tipps zusammengefasst sind, kommen Sie zu sprechen, wenn sich im Verlauf dieses Gesprächs oder der Follow-up-Gespräche ein passender Aufhänger findet. Dann lenken Sie am besten den Blick Ihres Teilnehmers direkt auf den Text des Tipps.

Dazu ein Beispiel: Ihr Teilnehmer hat vor einem Jahr an einem Verkaufstraining teilgenommen und sollte dort spezielle Gesprächstechniken für den Zusatzverkauf lernen. Nach dem Motto: »Jemand kauft eine Taschenlampe, dann biete ihm auch die Batterien aktiv an.« Der Teilnehmer äußert, dass dies so gar nicht sein Ding war. Sie verweisen dann auf den Tipp »Wiederholungsprinzip bedenken«, der bei ihm als To-do sichtbar ist, und sprechen über die Feinheit, dass es sein kann, dass sich neu Gelerntes auch nach viel Übung nicht passend anfühlt, weil es nicht zur eigenen Persönlichkeit bzw. zum eigenen Wertesystem passt. In so einem Fall ist es kontraproduktiv, wenn sich der Teilnehmer immer wieder zu etwas zwingen muss. Denn er gerät in einen inneren Konflikt, der sich unangenehm anfühlt und die eigene Motivation und Leistungsfähigkeit bremst. Sie als Trainer ermuntern ihn daher, ein Feedback zu geben, sollte er im Zuge Ihres Trainings das Gefühl haben, sich verbiegen zu müssen. So könnten Sie dann mit ihm darüber sprechen, wie das beste weitere Vorgehen ist.

Verbindung Tipp und Lernziel: Damit die Tipps nicht zu sehr auf der theoretischen Ebene bleiben, ist es wichtig, dass Sie Ihrem Teilnehmer Beispiele geben, wie die konkrete Anwendung erfolgt. Dazu können Sie selbst ein Beispiel einbringen, das zum geplanten Training passt. Oder noch besser: Sie knüpfen an dem Lernziel an, mit dem Ihr Teilnehmer ins Training geht. Fragen Sie deshalb nach, was Ihr Teilnehmer besonders aus dem Training mitnehmen will. So können Sie gut einen Dialog starten. Einerseits erläutern Sie den Tipp und veranschaulichen, wie dieser in Verbindung mit dem aktuellen Lernthema bzw. Training zu sehen ist. Andererseits fragen Sie Ihren Teilnehmer, was seine Gedanken und Fragen dazu sind.

Dazu ein Beispiel: Ihr Trainingsteilnehmer Peter hat das Gefühl, dass er sich selbst und seine Arbeit nicht optimal organisiert. Sein Lernziel ist daher, seine knappe Zeit besser zu managen. Worauf er im Detail achten sollte, will er gerne im Training erfahren.

Am Beispiel arbeiten

Sie sehen nun, dass Peter beim Faktor »Aktives Rückfallmanagement« eine geringe Ausprägung hat. Anhand seines Lernziels und dem damit verbundenen Lernprozess können Sie ihm nun verdeutlichen, was zum Beispiel der Tipp »Geduld mit sich selbst haben« bedeutet. In dem Tipp geht es unter anderem darum, sich die Funktionsweise des Gehirns bewusst zu machen, um zu verstehen, warum es längere Zeit dauert, bis sich neue Gewohnheiten gebildet haben. Nachdem Sie Peter diese Zusammenhänge vermittelt haben, erkunden Sie nun, wie sich bei ihm seine Ungeduld typischerweise bemerkbar macht. Sie sprechen mit ihm durch, was er dann denken oder tun sollte, um sich nicht selbst zu frustrieren. Denn wenn er mit unrealistischen Vorstellungen in den Lernprozess geht, ist die Gefahr groß, dass er vorzeitig aufgibt, weil es ihm nicht schnell genug geht. Die Veränderungspsychologie kennt hier das Phänomen des False-Hope-Syndroms. Das sind falsche Vorstellungen, die uns bei Verhaltensänderungen boykottieren. Eine solche irrige Annahme ist, Veränderung ginge einfach und schnell.

Tipps hängen zum Teil zusammen

Verbindungen zwischen den Tipps aufzeigen: Zwischen verschiedenen Tipps existieren Verbindungslinien, die nicht sofort ins Auge fallen, wenn Ihr Teilnehmer nur auf die Übersicht schaut. Verdeutlichen Sie ihm daher, wie bestimmte Tipps auch zusammenhängen bzw. aufeinander einzahlen. So gibt es zum Beispiel einen Zusammenhang zwischen den Tipps »Vorboten erkennen für Rückfallvorbeuge«, »Kleine machbare Teilschritte definieren«, »Kopfkino einsetzen« und »Kleine Erfolge sehen«. Dieser besteht darin, dass sich Ihr Teilnehmer bei der Rückfallvorbeuge »kleine machbare Teilschritte« erarbeitet, die das Erlernen einer neuen Gewohnheit unterstützen. Gleichzeitig bekommt der Teilnehmer sehr viel Klarheit, wie er im Alltag die Umsetzung angehen will. Und genau darum geht es auch beim Tipp »Kopfkino einsetzen«. Dadurch, dass Teilschritte und die Umsetzungsplanung konkret sind, kann der Teilnehmer viel leichter kleine Erfolge sehen und sich darüber freuen.

Verbindungslinie Umsetzungswille

Eine andere Verbindung besteht zwischen den Tipps »Nutzen vor Augen sehen«, »Lernpartner einsetzen« und »Verbindlichkeit erhöhen«. Wenn der Teilnehmer zu passiv ist und sich schwertut, aktiv Neues zu üben oder sich um die Vertiefung von gelernten Inhalten zu kümmern, kann er bewusst einen Lernpartner als Unterstützung einsetzen. Dieser kann ihn zum Üben anstoßen und auch zu mehr Verbindlichkeit bringen, indem er nachfragt und an Vorsätze erinnert.

Übung macht den Meister

Als Drittes möchte ich noch die Verbindung »Übungen als geschützten Raum«, »Wiederholungsprinzip bedenken« und »Nutzen vor Augen sehen« als Beispiel nennen. Beim Wiederholungsprinzip geht es darum, dass jemand befürchtet, durch die Anwendung von Tipps aus Fortbildungen nicht mehr er selbst zu sein. Dieses Gefühl ist normal und lässt sich meistens dadurch überwinden, dass man einfach nur Neues wiederholt und übt. Doch in dieser Konstellation findet der Teilnehmer Übungen im Training praxisfern. Damit geht einher, dass er sich dann auch im Training nicht gern in Übungen einbringt oder danach neue Verhaltensweisen übt. Wenn er aber nicht übt, kommt er nicht aus dem Dilemma heraus, dass sich für ihn Verhaltenstipps aus einer Fortbildung »komisch« und »unpassend« anfühlen. Folglich bleibt er in seinem alten Trott.

Darüber hinaus lassen sich auch Verbindungen zu den Umfeldfaktoren herstellen, wie zum Beispiel, dass eine »Motivierende Teamkultur« eine gute Basis für den Tipp »Lernpartner einsetzen« darstellt.

Sie sehen, so isoliert, wie die Tipps auf den ersten Blick wirken, sind sie gar nicht. Je intensiver Sie sich also mit den Transferstärke-Tipps befassen, umso besser können Sie im Gespräch mit dem Teilnehmer Zusammenhänge zwischen den Tipps und auch zu den Äußerungen Ihres Gesprächspartners herstellen.

Achtung: Viel Input

Dosiertes Redetempo: Gerade wenn Sie sehr vertraut mit den Transferstärke-Inhalten sind, kann es leicht passieren, dass Sie zu schnell und zu viel erläutern und damit Ihren Teilnehmer überfordern. Machen Sie sich klar: Jemand, der sich bisher nicht näher mit Psychologie, Lernen und Veränderung befasst hat, steht bei diesen Themen ganz am Anfang. Er hat bisher wenig über sich nachgedacht und ist sich innerpsychischer Abläufe kaum bewusst.

Sie sind hier eine Art Katalysator, der ihm hilft, diese Zusammenhänge zu erkennen. Sie zeigen ihm auf, dass es förderliche und auch hemmende Einflüsse beim Lerntransfer gibt. Sie schieben bildlich gesprochen einen Vorhang beiseite und machen ein Fenster zu einer Welt auf, die er bisher noch nicht gesehen hat. Gehen Sie dabei behutsam vor und überladen Sie den Teilnehmer nicht. Wenn Sie merken, dass es zu viel wird, konzentrieren Sie sich lieber auf ein paar besonders wichtige Themen und ergänzen offene Punkte in den Folgegesprächen.

4. Fokus: Die wichtigsten To-dos

Auf Selbstlernphase vorbereiten

Nun hat Ihr Teilnehmer bereits viel gehört und das »große Bild« vor Augen. Ihm ist klar geworden, dass Lerntransfer nicht zufällig und automatisch abläuft. Und er hat eine Vorstellung davon, welche Faktoren und welche einzelnen Tipps für seinen Umsetzungserfolg konkret eine Rolle spielen. Für viele ist das eine ganze Menge an Input. Deshalb ist es wichtig, dass Sie Ihren Teilnehmer dazu bringen, seine Erkenntnisse zu reflektieren und sich der wichtigsten Punkte bewusst zu werden. Beispiel: »Wenn Sie sich nochmal alles vor Augen halten, was wir gerade besprochen haben, was sind Ihre wichtigsten Erkenntnisse?« Oder: »Welche drei der besprochenen Handlungstipps stellen für Sie die wichtigsten Stellschrauben dar, damit Sie Ihren Lern- und Umsetzungserfolg sicherstellen können?«

Fazits ziehen lassen

Bitten Sie Ihren Teilnehmer, seine Erkenntnisse in seinem Aktionsplan zu notieren. Denn damit soll er auf jeden Fall bewusst weiterarbeiten. Vermerken auch Sie die Aussagen Ihres Teilnehmers, damit Sie bei den Folgegesprächen daran anknüpfen können.

5. Nächste Schritte: Im Training und danach

In dieser Gesprächsphase bereiten Sie Ihren Teilnehmer darauf vor, wie es nun nach diesem Auswertungsgespräch für ihn weitergeht.

Die folgenden Checkpunkte besprechen Sie mit ihm:

Trainingseinheit Lerntransfer: Ihr Teilnehmer wird im Training sicherlich eine Menge Impulse bekommen und viele neue und interessante Themen kennenlernen. Informieren Sie ihn, dass am Ende des Trainings eine Einheit zum Thema Lerntransfer stattfinden wird. Er wird dann ein Handout mit ein paar Leitfragen erhalten. Dieses finden Sie im Downloadbereich zum Buch.

Vorlage: Lernziel und wichtigste To-dos

Teil 1 des Handouts betrifft die Frage, was er nach dem Training umsetzen will. Er soll sich den Lernimpuls auswählen, der für ihn so wichtig und bedeutsam ist, dass er ihn in den nächsten ein bis zwei Monaten als Erstes im Arbeitsalltag umsetzen will. Dazu macht er sich klar, wie genau die Situation aussieht, mit der er in Zukunft besser umgehen will. Er überlegt dann, wie er sich heute typischerweise in dieser Situation verhält und wie es in Zukunft sein soll. Wichtig ist, dass er sich ein Lernziel aussucht, bei dem er genügend Anwendungs- und Übungsmöglichkeiten hat. Sonst ist die Gefahr groß, dass der Impuls verpufft.

Teil 2 des Handouts ist dazu gedacht, dass sich Ihr Teilnehmer überlegt, welche To-dos aus seinem Transferstärke-Auswertungsbericht er speziell beachten muss, damit er die Umsetzung auch mit Sicherheit schafft. Eine erste Idee dazu haben Sie gerade zuvor mit ihm besprochen, als es um die Fokussierung auf die wichtigsten To-dos ging.

Terminplanung: Kündigen Sie an, dass Sie am Ende des Trainings eine Liste mit Terminen und Zeitfenstern austeilen, in der sich Ihr Teilnehmer für die beiden Follow-up-Termine eintragen soll. Deshalb ist es wichtig, dass er seinen Terminplaner mitbringt.

Liste mit Terminen

Umsetzungsziel an Trainer mailen: Nach dem Training hat Ihr Teilnehmer Zeit, seine Überlegungen zum Umsetzungsziel und zur Transfersicherung etwas sacken zu lassen. Er bekommt von Ihnen zeitnah das eben erwähnte Handout als Datei gesendet. Darin soll er dann die abschließende Version seiner Überlegungen notieren und innerhalb einer Frist von ein paar Tagen an Sie per Mail zurückschicken. Alternativ kann er das Handout mit seinen handschriftlichen Notizen auch an Sie als Bilddatei schicken. So wissen Sie zum einen, wie ernst und verbindlich Ihr Teilnehmer mit seinem Lernziel umgeht; zum anderen haben Sie die genaue Information, woran Ihr Teilnehmer arbeiten will. Denn darauf beziehen Sie sich beim ersten Follow-up-Gespräch.

Idee der Follow-ups: Sagen Sie Ihrem Teilnehmer, wie der weitere Transferbegleitungsprozess aussieht. Das erste Follow-up kommt nach circa vier Wochen, das zweite nach circa acht Wochen. Bei jedem Termin geht es um zwei zentrale Fragen:

a) Wie gut hat die Umsetzung der Vorsätze funktioniert?
b) Wie ist die Erfahrung mit der Anwendung der Transferstärke-Tipps?

Teilnehmer weiß, was ihn erwartet

Ausgehend von Antworten auf diese beiden Fragen geben Sie ihm dann weitere Impulse und Hinweise. Das Ziel dabei ist, dass Ihr Teilnehmer am Ende der Transferbegleitung sowohl einen deutlichen Umsetzungsschritt geschafft hat als auch in der Lage ist, die »Stellschrauben für den Lerntransfer« bei beliebigen Lernzielen erfolgreich anzuwenden.

Klärung von offenen Fragen: Fragen Sie abschließend, ob Ihr Teilnehmer noch offene Fragen hat, und beantworten Sie diese.

6. Feedback zum Gespräch und Abschluss

Zum guten Schluss holen Sie sich noch ein kurzes Feedback von Ihrem Teilnehmer ab, wie er das Gespräch erlebt hat und was er über den Ansatz der Transferstärke denkt. Peter meinte zum Beispiel: »Ich konnte es gut nachvollziehen. Und ich glaube, das bringt mich auch weiter. Ich denke, wenn ich mir das alles bewusst mache, kann ich das tatsächlich für verschiedene Lernfelder anwenden.«

Ermutigen Sie Ihren Teilnehmer, sich zu melden, wenn sich zwischendurch noch Fragen bei ihm ergeben, und wünschen Sie ihm eine gute Zeit bis zum Training.

Besonderheiten

Im Folgenden möchte ich Sie nun noch mit einigen speziellen Situationen vertraut machen, die Ihnen bei einem Transferstärke-Auswertungsgespräch möglicherweise begegnen können. Sie lesen dazu gleich meine Handlungsempfehlungen.

Fehlende Offenheit

Sofern der Wert für den Faktor »Offenheit für Fortbildungsimpulse« im mittleren bzw. unteren Bereich liegt, ist es sehr wichtig, dass Sie hier sehr genau darauf eingehen. Denn Offenheit ist die zentrale Basis für den Trainingserfolg. Folglich gehen Sie der Frage nach, welche Aspekte zur mangelnden Offenheit beitragen und was die Hintergründe dafür sind. Oftmals sind es schlechte Erfahrungen aus früheren Trainings oder persönlicher Selbstschutz. Das Ziel des Dialogs ist, dass Sie herausarbeiten, was Ihr Teilnehmer und Sie im anstehenden Training beachten können, damit er offen in Übungen hineingehen kann und auch den Nutzen der Trainingsinhalte für die Praxis sieht. Versuchen Sie hierzu Lösungen und Vereinbarungen zu finden, denn sonst bleibt an dieser Stelle ein Transferrisiko, weil der Teilnehmer die Lernimpulse aus dem ganzen Training bzw. aus den Übungen gar nicht aufnimmt.

Gesprächsausschnitt

Im Folgenden lesen Sie einen kurzen Gesprächsausschnitt, der Ihnen zeigt, worum es in dem Dialog geht. *Trainer:* »Der wichtigste Bereich für den Trainingserfolg ist erst mal das Thema ›Offenheit für Fortbildungsimpulse‹. Insgesamt liegt bei Ihnen die Offenheit im unteren Bereich. Deshalb wird gleich die zentrale Frage für uns beide sein, was wir beachten können, damit Sie die Impulse und Inhalte des Trainings auch gerne aufnehmen und das Training einen guten Rahmen für Sie bildet.«

Danach geht es dann so weiter, dass Sie die einzelnen Aspekte durchgehen, die zu Offenheit gehören, und im Dialog herausfinden, was genau dahintersteckt, dass Ihr Teilnehmer allen oder fast allen Fragen kaum zugestimmt hat. Die Antworten, die Sie dann erhalten, können übrigens ganz unterschiedlich sein.

Trainer: »Sie sagen, dass man aus Übungen, wie zum Beispiel Rollenspielen, wenig für die Praxis lernen kann. Was bringt Sie zu der Meinung? Was sind die Bedingungen dafür, dass Sie kein gutes Gefühl bei Übungen haben?«

Peter: »Wenn sie nicht auf jeden individuell zugeschnitten sind, sondern auf die breite Masse. Ich habe mal ein Telefontraining mitgemacht, und da wurden wir alle gedrillt, Calls nach einem bestimmten Standard zu machen. Das würde ich jetzt nicht so toll finden, weil da nichts Individuelles mehr ist.«

Trainer: »Das heißt, wenn die Übungen ganz gezielt auf Sie als Person eingehen, dann wäre es okay für Sie?«

Peter: »Ja.«

Trainer: »Prima. Dann habe ich die Bitte an Sie, dass Sie mitsteuern, dass die Übungen für Sie passen und Sie gut und gerne mitmachen. Das ist genau die Idee bzw. Stellschraube für Sie, damit Sie auch von dem Training profitieren.«

Transferbarrieren im Training sichtbar

Die Erfahrung zeigt, dass die im Auswertungsgespräch thematisierten Transferbarrieren im späteren Training manchmal auftreten. In dem Fall kann es also passieren, dass sich Peter dann doch nicht in Übungen einbringt oder mit Abwehr reagiert – auch wenn er im Gespräch beteuert hat, offen zu sein und etwas aus dem Training mitnehmen zu wollen. Am besten suchen Sie dann das Vier-Augen-Gespräch und sprechen die Abwehrtendenz mit Bezug zum besprochenen Transferstärke-Profil an. Wichtig ist, dass Sie hier wertschätzend mit dem Teilnehmer in das Gespräch gehen. Machen Sie deutlich, dass es Ihnen wichtig ist, dass er von dem Training profitiert. Stimmen Sie gleichzeitig ab, ob Ihr Teilnehmer dies auch will. Denn wenn der Wille und die Motivation fehlen, stellt sich die Frage, inwiefern eine weitere Trainingsteilnahme überhaupt Sinn macht.

Keine Handlungstipps

Sie bekommen von Ihrem Teilnehmer ein Transferstärke-Profil zurück, in dem die Werte bei allen Faktoren im 90- bis 100-Prozent-Bereich liegen. Ich erwähnte diesen Punkt bereits bei der Erstellung der To-do-Liste für Ihre Teilnehmer. Damit erübrigen sich spezielle Handlungstipps, denn die zentrale Botschaft ist, dass Sie Ihren Teilnehmer für sein Transferstärke-Profil beglückwünschen. In dem Fall haben Sie nämlich einen Teilnehmer, der sich schon sehr gut beim Lerntransfer steuern kann und im besten Fall auch ein unterstützendes Umfeld hat. Mit etwas Übung werden Sie in den Auswertungsgesprächen auch die Unterschiede zwischen solchen transferstarken und transferschwachen Teilnehmern heraushören. Ich habe die Erfahrung gemacht, dass in den Äußerungen sehr transferstarker Teilnehmer eine hohe Umsetzungsenergie zu verspüren ist. In ihren Worten schwingen die Einstellungen und Selbststeuerungsfertigkeiten mit, die sich in den Transferstärke-Tipps widerspiegeln. Sie sind reflektiert und – das liegt wohl in der Besonderheit dieses Profils – sie haben ein hohes Interesse zu erfahren, wie sie sich noch verbessern können.

»Atomkraftwerke« der Umsetzung

In dem Fall ist also die Besonderheit, dass Sie einem solchen Teilnehmer keine weiteren Tipps mehr geben können, weil er ja bereits gut aufgestellt ist. Dennoch: So ganz ohne einen Denkanstoß brauchen Sie ihn nicht zu entlassen. Ein Impuls geht in die Richtung, was passiert, wenn er als Transferstarker mit transferschwachen Menschen zusammenarbeitet. Wenn zum Beispiel Peter als Führungskraft sehr transferstark ist, aber seine Mitarbeiter nicht, dann ergibt sich eine Kluft. Er erwartet, dass sich alle so gut selbst verändern können wie er. Damit besteht zum einen die Gefahr, dass er seine Mitarbeiter überfordert, zum anderen, dass er selbst frustriert ist, weil seine Mitarbeiter Lern- und Veränderungsziele nicht gut umsetzen. Für den anstehenden Trainingsprozess kann es für einen sehr transferstarken Teilnehmer bedeuten, dass er sich langweilt, weil er schnell Impulse aufnimmt und im Kopf auch leicht umsetzt, während die anderen Teilnehmer mehr Zeit brauchen oder sich schwerer tun. Behalten Sie diesen Punkt als Trainer im Blick. Prüfen Sie auch, inwiefern andere transferschwache Teilnehmer von Ihrem transferstarken Teilnehmer etwas lernen können, zum Beispiel in Form einer Lernpartnerschaft.

Risiko andere zu überfordern

Ein anderer interessanter Denkanstoß betrifft die Frage, ob es auch zu viel Transferstärke geben kann. Dabei geht es um den Punkt, dass eine Übertreibung von Stärken ab einem bestimmten Punkt in Schwächen umkippt. Denken Sie zum Beispiel an einen Menschen, der sehr genau und akkurat arbeitet. In der Übertreibung wird daraus ein Mensch, den Sie vielleicht als Erbsenzähler und Pedanten etikettieren würden. Die Übertreibung von Transferstärke könnte vor diesem Hintergrund bedeuten, dass sich jemand vor lauter Offenheit für Veränderung und ständiger Anpassungsfreude selbst verliert. Im Gespräch mit Ihrem Teilnehmer können Sie nun sondieren, ob bei ihm solch ein Risiko besteht.

Vorsicht: Übertreibung von Stärken

Entscheidend für das Gespräch ist aber, dass Sie Ihren Teilnehmer in seinen Stärken bestätigen und ihm deutlich machen, dass eine so hohe Transferstärke nicht alltäglich ist. Erläutern Sie Ihrem Teilnehmer die positiven Punkte, die bei ihm in den einzelnen Transferstärke- und Umfeldfaktoren vorliegen, und treten Sie mit ihm dazu in den Dialog. Erfragen Sie Beispiele und tragen Sie dazu bei, dass Ihr Teilnehmer sich seiner Stärken bewusst wird.

Natürlich stellt sich in diesen Fällen immer auch die Frage, ob Ihr Teilnehmer sich vielleicht zu gut bewertet oder sogar »sozial erwünscht« geantwortet hat. Letzteres bedeutet, dass Ihr Teilnehmer seine Einschätzung

Alles gut oder soziale Erwünschtheit?

so vorgenommen hat, wie er glaubt, gut dastehen zu können. Nach dem Motto: »Wenn ich in ein Training gehe, muss ich transferstark sein, sonst darf ich vielleicht gar nicht teilnehmen.« Um Anzeichen dafür zu erkennen, ob ein Teilnehmer sich unwissentlich falsch einschätzt oder bewusst etwas schönfärbt, gibt es zwei Ansatzpunkte in der Gesprächsführung: Zum einen können Sie im Dialog den Teilnehmer in die Reflexion bringen, wie vielleicht sein Chef oder sein Kollege ihn mit Blick auf seine Transferstärke sehen. Sie könnten Fragen stellen wie: »Was würde Ihr Chef oder ein vertrauter Kollege sagen, wenn er das Profil sehen würde? Welche Werte hätte er gegeben und aus welchen Gründen?«

Wo hatten Transferstarke mal Probleme?

Zum anderen können Sie mit ihm über bisherige Veränderungsziele sprechen und womit es zusammenhing, dass er diese gut erreicht hat. Leicht lässt sich angesichts der Positivbeispiele auch die Frage einflechten, wann es mal nicht so gut mit der Veränderung geklappt hat. Dann können Sie auch die Frage aufwerfen, wie er sich diese Schwierigkeiten mit Blick auf sein Transferstärke-Profil erklärt. Möglicherweise kommen Sie dann doch auf spezielle Punkte zu sprechen, die gerade nicht sichtbar sind. Vielleicht kommen Sie aber auch darauf zu sprechen, dass einfach die Motivation für die Umsetzung fehlte. Dann können Sie daran aufzeigen, dass eben nicht nur die eigene Transferstärke, sondern auch die Motivation und der Änderungswille entscheidend für den Umsetzungserfolg sind.

Nicht entlarven wollen

Doch Achtung: Bei Ihrer Gesprächsführung geht es nicht darum, Ihren Teilnehmer zu entlarven oder ihm gar unter die Nase zu reiben, dass er den Transferstärke-Fragebogen schlecht ausgefüllt hat. Vielmehr steht im Mittelpunkt, ihn in eine Reflexion zu bringen, ihm Denkanstöße zu geben und ihm seine Ansatzpunkte für einen erfolgreichen Lerntransfer zu vermitteln. Ihre wichtige Grundhaltung ist deshalb immer, dass Sie erst einmal davon ausgehen, dass Ihr Teilnehmer wahrheitsgetreu geantwortet hat. Sonst schimmert nämlich gleich in Ihren Worten und in Ihrem Tonfall durch, dass Sie ihm misstrauen – und die Gesprächsatmosphäre ist getrübt.

Die Stunde der Wahrheit kommt

Schlussendlich können Sie auch auf den Transferbegleitungsprozess vertrauen. Bei den Folgekontakten kommt die Stunde der Wahrheit. Denn aus dem, wie Ihr Teilnehmer mit seinen Vorsätzen umgeht und was er über seine Erfahrungen zur Umsetzung erzählt, können Sie erkennen, inwiefern ein »Top-Profil« wirklich vorliegt. Wenn sich dann doch bestimmte Schwierigkeiten bei der Umsetzung zeigen, sind Sie genau am Thema dran und können die passenden Impulse aus den Transferstärke-Tipps bringen.

Sehr viele Handlungstipps

Teilnehmer emotional auffangen

Wenn ein Teilnehmer in Summe transferschwach ist, dann hat dies zur Folge, dass er von Ihnen sehr viele Tipps auf seiner To-do-Liste vorfindet. Das lässt den einen oder anderen erschrecken, weil es so viel ist. Teilnehmer stellen sich die Frage, wie sie auf alle diese Tipps achten sollen, oder sehen nur einen Riesenberg von Hinweisen, die sie beherzigen sollten. Sie können Ihrem Teilnehmer in zweierlei Hinsicht den Druck nehmen. Zum einen geht es immer darum, angesichts eines aktuellen Lernthemas eine Auswahl zu treffen, was besonders wichtig ist, damit der Umsetzungserfolg eintrifft. Zum anderen hängen ja auch verschiedene Tipps miteinander zusammen, wie ich bereits weiter oben beschrieben habe. Indem Sie diese Verbindungslinien aufzeigen, fällt es Teilnehmern leichter, sich mit den Tipps zu befassen. Und schließlich können Sie auch noch darauf verweisen, dass die beiden Follow-up-Gespräche dazu dienen, nach und nach die ganzen Tipps noch genauer zu verstehen und zu lernen, damit wirksam zu arbeiten.

Vermischung von Lernziel und Transferstärke

Auf zwei Ebenen arbeiten

Die Arbeit mit der Transferstärke-Methode läuft auf zwei Ebenen ab. Zum einen geht es darum, dass Ihr Teilnehmer ein Lernziel mit bestimmten Inhalten verfolgt, wie zum Beispiel besser delegieren. Auf der anderen Seite geht es darum, die eigene Transferstärke zu stärken. Der Teilnehmer lernt hier, sich selbst besser zu steuern. Es gibt also zwei Lernziele gleichzeitig. Bisweilen fällt es Teilnehmern schwer, diese beiden Ebenen auseinanderzuhalten. Sie verstehen die Transferstärke-Tipps nicht als allgemeine Regeln, sich besser bei Einstellungs- und Verhaltensänderungen zu steuern, sondern beziehen sie nur auf den Inhalt ihres aktuellen Lernziels. Oder aber sie sehen nur das Lernziel zur Stärkung der eigenen Transferstärke, wie zum Beispiel sich im eigenen Rückfallmanagement zu verbessern. Damit Ihre Teilnehmer noch besser lernen, beides zu trennen, hat sich die folgende Metapher bewährt. Verdeutlichen Sie die beiden Ebenen Ihrem Teilnehmer anhand eines Computers. Ein Computer hat ein Betriebssystem. Das ist die Basis, damit man Software aufspielen und nutzen kann. Der Inhalt des Lernziels ist quasi die Software. Die Arbeit an der Transferstärke betrifft das »psychologische Betriebssystem« eines Menschen, nämlich, wie er sich selbst steuert, um Lern- und Veränderungsimpulse erfolgreich und nachhaltig in die Praxis umzusetzen. Wie auch beim Computer-Betriebssystem laufen diese psychologischen Steuerungsvorgänge normalerweise im Hintergrund ab. Menschen machen sich nicht so viele Gedanken dazu. Um aber ein Betriebssystem zu optimieren, ist es wichtig, sich damit bewusst zu befassen. Das ist beim PC genauso wie bei der Benutzung des Gehirns, mit dem sich Menschen selbst steuern. Und hier setzt die Transferstärke-Methode an: sich näher mit seinem eigenen psychologischen Betriebssystem zu befassen, das für den Lerntransfer eine wichtige Rolle spielt.

Wie bei PC – Betriebssystem und Software

Emotionale Gesamtsituation spiegelt sich im Ergebnis wider

Erschöpfung als Entwicklungsstillstand

Ich mache zeitweilig die Erfahrung, dass die Transferstärke-Analyse auch ein Stimmungsanzeiger dafür sein kann, wie es einer Person in Summe geht. Manche sehr niedrig ausgeprägten Transferstärke-Profile haben damit zu tun, dass Teilnehmer aufgrund ihrer Arbeitssituation erschöpft oder demotiviert sind. Ich hatte auch schon Fälle von innerer Kündigung oder dass jemand auf dem Sprung war, die Firma zu verlassen, weil er sich in seiner Entwicklung festgefahren sah. All das hat erst einmal nicht primär mit mangelnder Transferstärke zu tun, betrifft aber die persönliche Entwicklung Ihres Teilnehmers. Denn durch das Gespräch zur Transferstärke bieten Sie eine Reflexionsfläche, wo diese schwierige Gesamtsituation des Teilnehmers zum Ausdruck kommen kann. Sie schaffen damit einen Raum, in dem jemand seine Entwicklung wieder aktiv in die Hand nimmt. Ich erinnere mich an einen Abteilungsleiter, dem alles zu viel war. Er mochte nicht mehr ständig seinen Mitarbeitern hinterherlaufen, ihn nervte, dass er alles zigmal sagen musste. Dieser Überdruss schlug sich sowohl auf seine Offenheit nieder als auch auf seine Einschätzung, seine Entwicklung gut steuern zu können. Er hing einfach fest. Das Transferstärke-Auswertungsgespräch brachte wieder Fluss in die Situation.

Grundskepsis gegenüber Tests

Es gibt auch Teilnehmer, die gegenüber allen möglichen Formen von Tests und Selbstchecks eher skeptisch eingestellt sind. Ein Teilnehmer hat mir das mal so gesagt: »Ich bin da immer ein bisschen vorsichtig mit solchen Tests. Es ist halt schwierig, das individuell auf die Menschen zuzuschneiden. Ich höre mir das gerne an, ich bin auch offen dafür, dass ich das eine oder andere mitnehme, aber ich persönlich bin kein Fan von solchen Tests.« Lenken Sie in dem Fall den Blick auf die Idee des Transferstärke-Modells und machen Sie dem Teilnehmer klar, dass dieses Modell und dazu eben auch die Fragen den Sinn haben, mit ihm darüber ins Gespräch zu kommen, wie er seinen Trainingserfolg sicherstellen kann. Klären Sie ab, ob es im Interesse des Teilnehmers ist, Tipps und Ideen mitzunehmen, wie sein Lerntransfer gelingen kann. Wenn er dem zustimmt, können Sie mit ihm über die einzelnen Transferstärke-Aspekte ins Gespräch kommen und herausarbeiten, was er besonders beachten sollte.

Modell in den Vordergrund stellen

Probleme bei der Beantwortung der Fragen

Es gibt immer wieder Teilnehmer, die sich mit der Beantwortung von Selbsteinschätzungsfragen schwertun. Sei es, dass sie zu lange darüber nachdenken oder nicht genau wissen, wie sie antworten sollen, bis dahin, dass sie einzelne Fragen kritisch sehen. Folglich äußern Sie dann auch Kritik am Transferstärke-Analyse-Fragebogen. Nehmen Sie diese auf jeden Fall auf und hinterfragen Sie genauer, worin die Probleme bei der Beantwortung der Fragen bestanden haben. Gehen Sie dann so ähnlich vor, wie ich es bei dem vorherigen Punkt »Grundskepsis gegenüber Tests« beschrieben habe. Lenken Sie den Blick auf das Transferstärke-Modell und treten Sie davon ausgehend in den Dialog mit dem Teilnehmer. Verweisen Sie darauf, dass die Beantwortung der Fragen der Aufhänger für das Gespräch ist und dass es nun darum geht, genauer zu erarbeiten, welche Tipps Ihr Teilnehmer für sich mitnehmen kann, um von dem anstehenden Training optimal profitieren zu können.

Klären, was schwer für den Teilnehmer war

Alles in allem sind Sie nun mit dem dargestellten Gesprächsleitfaden und den Hinweisen zu den besonderen Gesprächssituationen für das Transferstärke-Auswertungsgespräch gerüstet. Im nächsten Kapitel lesen Sie, wie Sie am besten die Follow-up-Gespräche gestalten, die Sie nach dem Training mit Ihren Teilnehmern führen.

Im Detail: Transferbegleitung

↗ 05

Gesprächsleitfaden

Der dritte Schritt bei der Transferstärke-Methode stellt die Transferbegleitung in Form von zwei Follow-up-Gesprächen dar, die typischerweise per Telefon erfolgen. Ihr Teilnehmer soll sich dadurch daran gewöhnen, von Zeit zu Zeit in die Transferstärke-Unterlagen zu schauen und aktiv mit den Tipps zu arbeiten. Ohne die Follow-ups verschwinden diese nämlich leider viel zu oft in irgendwelchen Schreibtischschubladen oder Ordnern. Doch da bringen sie wenig. Denn das Ziel ist, dass Ihr Teilnehmer die Tipps lernt und verinnerlicht. Durch die Folgekontakte entsteht zusätzlich die Verbindlichkeit, am Lernthema dranzubleiben.

Aktiv mit Transferstärke-Profil arbeiten

Vom Grundsatz laufen die Follow-up-Gespräche ähnlich ab wie das Transferstärke-Auswertungsgespräch. Nur gehen Sie diesmal noch mehr ins Detail, was die Anwendung der Tipps angeht. Denn jetzt liegen erste Umsetzungserfahrungen Ihres Teilnehmers vor. Sie können ganz konkret daran anknüpfen und daraus ableiten, welche Transferstärke-Tipps eine besondere Rolle für ihn spielen.

Auf die Follow-up-Gespräche bereiten Sie sich mit den folgenden Unterlagen vor, die Sie in diesem Kapitel kennenlernen:

- Gesprächsleitfaden zur Reflexion des Umsetzungserfolges und der Anwendung der Transferstärke-Tipps.
- Wissen zum Umgang mit Besonderheiten, die sich im Zuge der Transferbegleitung ergeben können.

Die Follow-up-Gespräche dauern 30 bis 45 Minuten. Der Zeitbedarf hängt davon ab, wie gut es Ihrem Teilnehmer bis zu diesem Zeitpunkt gelungen ist, seine Vorsätze im Arbeitsalltag umzusetzen. Falls die Umsetzung nicht gut funktioniert hat, benötigen Sie mehr Zeit. Denn dann braucht Ihr Teilnehmer mehr Unterstützung. Sie befassen sich dann noch mal intensiv mit dem Transferstärke-Profil und den Tipps aus der To-do-Liste, um mit Ihrem Teilnehmer zu erarbeiten, wie er den Lerntransfer schaffen kann.

Zeitbedarf je nach Umsetzungsstand

Die zentralen Ziele für beide Follow-up-Gespräche sind:

Vertiefung und neue Impulse

- Der Teilnehmer reflektiert seinen bisherigen Stand der Umsetzung und inwiefern es ihm gelungen ist, die Transferstärke-Tipps erfolgreich anzuwenden.
- Der Teilnehmer erhält vertiefende Impulse, die ihm helfen, noch besser mit den Transferstärke-Tipps zu arbeiten und so sein aktuelles Lernziel zu erreichen.
- Der Teilnehmer ist selbstständig in der Lage, das Wissen aus seinen Transferstärke-Unterlagen auch auf andere Lernthemen anzuwenden.

Gleich lesen Sie, wie Sie sich am besten auf das Gespräch vorbereiten und wie Sie es systematisch und strukturiert führen. Dabei komme ich auch wieder auf Peter zu sprechen.

Vorbereitung auf die Follow-up-Gespräche

Vorbereitungszeit einplanen

- Nehmen Sie sich vor dem Gespräch etwas Zeit. Anfangs brauchen Sie vielleicht noch 15 Minuten. Wenn Sie geübt sind, reichen fünf Minuten aus.
- Befassen Sie sich mit dem Lernziel, das Ihnen Ihr Teilnehmer nach dem Training per Mail übermittelt hat.
- Denken Sie zurück an das Auswertungsgespräch: Wie ist es gelaufen? Was waren besondere Eindrücke? Holen Sie sich Ihre Notizen hervor und schauen Sie sich das Transferstärke-Profil und die To-do-Liste Ihres Teilnehmers an. Sorgen Sie dafür, dass Sie das nötige Hintergrundwissen zu den Faktoren und Tipps im Kopf haben, um diese Informationen im Gespräch anwenden zu können.
- Erinnern Sie sich an Ihre Eindrücke von dem Teilnehmer im Training: Wie ist er da aufgetreten? Wie sah seine Lernmotivation aus? Inwiefern decken sich sein Verhalten und Ihre Erkenntnisse von ihm aus dem Auswertungsgespräch?

Nachdem Sie nun alle diese Informationen präsent haben, gehen Sie in das Gespräch. Der folgende Gesprächsleitfaden unterstützt Sie dabei.

1. Einführung

Im Vergleich zum Auswertungsgespräch ist der Einstieg ins Follow-up dadurch geprägt, dass Sie sich nun schon ganz gut aus dem Training kennen. Somit läuft es meistens lockerer und vertrauter ab. Ihre einführenden Worte dienen dazu, sich wieder aufeinander einzustellen. Vielleicht lädt die Situation zu etwas Small Talk ein. Danach geben Sie eine Orientierung über den Ablauf des Gespräches. Meistens sind Sie und Ihr Teilnehmer überrascht, wie schnell die Zeit vergeht und dass schon wieder ein Monat um ist.

Lockerer Einstieg – Sie kennen sich ja schon

Für die Phase des Einstiegs sind die folgenden Checkpunkte wichtig:

Interesse zeigen: Es ist einige Zeit vergangen, und wahrscheinlich sind Sie ganz neugierig, wie sich das Lernziel bei Ihrem Teilnehmer entwickelt hat. Drücken Sie zu Beginn Ihr Interesse aus, zum Beispiel mit Worten wie: »Ich bin schon ganz gespannt, was Sie mir gleich erzählen ...« Es fördert den Kontakt und die gute Beziehung, wenn Sie echtes Interesse vermitteln.

Orientierung geben, Ziele und Ablauf besprechen: Verdeutlichen Sie das zentrale Ziel des Gespräches. Beispiel: »Das Ziel unseres heutigen Telefonats ist, dass wir darüber sprechen, wie es Ihnen mit der Umsetzung Ihres Lernziels ergangen ist und wie gut Sie es geschafft haben, die Transferstärke-Tipps anzuwenden. Ausgehend von dem, was Sie erzählen, besprechen wir dann heute, was Sie noch brauchen, damit Sie weiter gut mit Ihrem Lernziel vorankommen.«

Teilnehmer abholen: Je nachdem, wie Ihr Teilnehmer in das Gespräch einsteigt, entscheiden Sie, ob Sie nochmal speziell nachfragen, mit welchen Gedanken oder Gefühlen er in das Gespräch geht. Meistens ergibt sich schon aus seinen einleitenden Worten, wie es ihm geht, und Sie brauchen nur daran anzuknüpfen.

Offene Fragen: Klären Sie, ob Ihr Teilnehmer noch Fragen hat, bevor es mit seinem Erfahrungsbericht losgeht. Dies ist meistens nicht der Fall.

2. Reflexion der Umsetzungserfahrungen

Lassen Sie Ihren Teilnehmer davon berichten, wie gut es ihm gelungen ist, seine Lernziele umzusetzen und dabei die Transferstärke-Tipps zu nutzen. Fördern Sie den Reflexionsprozess mit vertiefenden Fragen.

Für diese Gesprächsphase behalten Sie bitte die folgenden Checkpunkte im Blick:

Wie ist die Zufriedenheit? Details klären

Umsetzungsstand des Lernziels erfragen: Fragen Sie Ihren Teilnehmer, wo er aktuell mit seinem Lernziel steht. Im besten Fall kommen Antworten wie »Ich bin eigentlich ganz zufrieden«. Hier fragen Sie dann nochmal genauer nach, was konkret gut funktioniert hat und wie es gelungen ist. Der Sinn dieser Fragen ist es, Ihrem Teilnehmer seine Erfolge noch mehr bewusst zu machen. Er soll seinen Erfolg genießen und verstehen, wie er sich selbst gesteuert hat, um diesen zu erreichen. Auf diesen Erkenntnissen kann er dann künftig aufbauen. Äußert sich Ihr Teilnehmer dagegen mehr oder weniger unzufrieden, gilt es genauso zu erkunden, was für Erfahrungen er gesammelt hat und welche die Mechanismen des Scheiterns waren. Denn an diesen gilt es anzusetzen, damit die nächste Transferphase bis zum zweiten Follow-up-Gespräch erfolgreicher verläuft. Wichtig ist dabei, herauszuarbeiten, ob die Misserfolge durch spezielle Situationen entstanden sind oder ob es ein gewisses sich wiederholendes Muster gibt, warum die Umsetzung nicht geklappt hat.

Gefühlte Zustände auf den Punkt bringen

Prozentfrage: Ein gutes Tool ist in diesem Zusammenhang die Prozentfrage, die aus der systemischen Therapie stammt. Sie fragen den Teilnehmer, zu wie viel Prozent er sein Lernziel aktuell erreicht hat. Er soll sich dazu eine Skala von Null bis 100 Prozent vorstellen. So bekommen Sie – aber auch der Teilnehmer – den gefühlten Zustand in eine greifbare Zahl übersetzt. Dadurch können Sie erreichte Fortschritte noch besser einordnen. Nehmen wir an, Ihr Teilnehmer äußert sich eher verhalten und sagt »Schon ganz gut«. Dann liegt die Schlussfolgerung nahe, dass er seinen Zielzustand als noch nicht so gut erreicht sieht. Indem Sie dann die Prozentfrage stellen, kommen bisweilen überraschende Erkenntnisse. Immer wieder habe ich dann Teilnehmer sagen hören: »Ja, so 70 Prozent.« Das bedeutet, die Wortwahl wirkt negativer als das in Zahlen ausgedrückte Ergebnis. Dieser Effekt tritt besonders bei

Teilnehmern auf, die beim Faktor »Positives Selbstgespräch« niedrige Werte haben und daher dazu neigen, die erreichten Erfolge als nicht so wertvoll zu erachten. Ferner macht es Sinn, dann auch zu fragen, wie der Teilnehmer seinen Entwicklungsverlauf einschätzt. Stellen Sie dazu die folgende Frage: »Wenn Sie noch einmal an unser Training zurückdenken. Bei wie viel Prozent lagen Sie etwa, als Sie sich damals das Lernziel vorgenommen haben.« Sagt hier zum Beispiel der Teilnehmer: »Na, so 40 Prozent«, wird außerdem deutlich, was er in der Vergangenheit bei sich bewegt hat.

Entwicklungsverlauf reflektieren

Da rückblickende Betrachtungen immer ein gewisses Verzerrungsrisiko bergen, ist es am besten, wenn Sie die Prozentfrage bereits im Training als Tool nutzen. Wenn Ihre Teilnehmer ihr Lernziel definieren, lassen Sie diese also am besten auch gleich den »gefühlten« Status quo in Prozent notieren, von dem aus sie ihren Lernprozess starten.

Die folgende Abbildung zeigt die Vorlage für das Handout, das ich im Training gerne einsetze. Ich nenne es »Ihre Entwicklungsskala« anstatt Prozentskala, weil es hierbei noch mehr darum geht, die eigene Entwicklung greifbar und messbar zu machen. Ich nutze als Bild dazu ein Fieberthermometer mit Prozentskalen. Die Skala ist überdies ein gutes, ergänzendes Hilfsmittel, wenn es darum geht, dem Teilnehmer zu helfen, in kleinen machbaren Teilschritten zu denken. Zur Erinnerung: Das ist ein Handlungstipp beim Faktor »Selbstverantwortung für den Umsetzungserfolg«, wenn sich jemand einen Lernstoff selbst beibringen oder sein Verhalten verändern möchte.

Sich in kleinen Schritten verändern

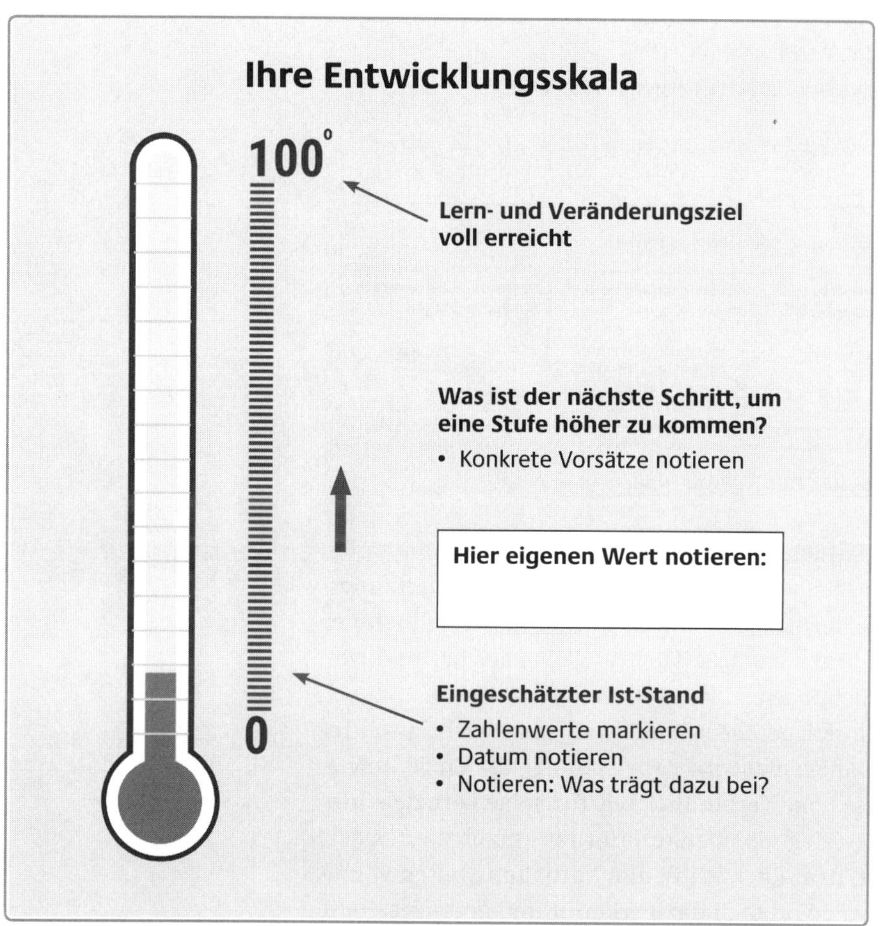

Abbildung 14: Tool Entwicklungsskala (iStock © jabkitticha)

Anwendung der Transferstärke-Tipps: Lenken Sie nach den inhaltlichen Ausführungen den Blick Ihres Teilnehmers auf sein Transferstärke-Ergebnis, das Sie bereits im Auswertungsgespräch mit ihm durchgegangen sind. Damit Sie nicht zurückblättern müssen, lesen Sie hier nochmal die Übersicht zu den Transferstärke-Tipps bei Peter.

PERSÖNLICHER AKTIONSPLAN

IHRE TRANSFERSTÄRKE-UMSETZUNGSSTRATEGIE

Ihr Lernziel:

Knappe Zeit besser managen

Übersicht: Tipps für Sie, um Ihre persönliche Transferstärke zu fördern

Offenheit für Fortbildungsimpulse	Selbstverantwortung für den Umsetzungserfolg	Rückfallmanagement im Arbeitsalltag	Positives Selbstgespräch bei Rückschlägen
✓ Übungen als geschützten Raum betrachten ✓ Nach dem Edison-Prinzip denken	✓ Keine Maßnahmen erforderlich	✓ Verbindlichkeit erhöhen ✓ Geduld mit sich haben ✓ Vorboten erkennen für Rückfallvorbeuge	✓ Keine Maßnahmen erforderlich

Abbildung 15: Peters To-do-Liste zur Transferförderung

To-do-Liste mit Tipps anschauen

Anwendung und Effekte der Transferstärke-Tipps klären

Das Ziel ist nun, mit Ihrem Teilnehmer ein weiteres Mal die Transferstärke-Tipps durchzugehen und zu schauen, inwiefern diese für den Umsetzungserfolg bedeutsam waren. Die Kernfrage ist dabei, inwiefern der Teilnehmer die To-dos aus der Liste der Transferstärke-Tipps angewendet hat und welchen Effekt dies aus seiner Sicht hatte.

Im Beispiel von Peter stellt sich gerade mit Blick auf seine wichtigsten To-dos beim Faktor »Rückfallmanagement im Arbeitsalltag« die Frage, inwiefern es ihm gelungen ist, eine hohe Verbindlichkeit für seine Lernziele hinzubekommen und diese jeden Tag als oberste Priorität einzustufen. Oder: Wie gut es ihm gelungen ist, dem Rückfall in alte Verhaltensweisen vorzubeugen, indem er frühzeitig die Vorboten dazu erkannt und gegengesteuert hat. Peter meint dazu: »Ich habe mich auf jeden Fall damit beschäftigt. Es hat zwar noch nicht ganz geklappt, aber in Teilen schon.« Anknüpfend an die Aussagen Ihres Teilnehmers folgen dann in der nächsten Gesprächsphase Ihre vertiefenden Impulse. Im Fall von Peter stellt sich die Frage, in welchen Situationen ihm das Rückfallmanagement nicht gelungen ist. Denn hier braucht er noch Unterstützung, um dies besser zu machen. Zugleich lernt er dabei die Technik noch besser kennen. Denn das ist ja das höhere Ziel der Transferstärke-Methode: Förderung des Lerntransfers bei gleichzeitiger Stärkung der eigenen Transferstärke.

3. Vertiefende Impulse für die Weiterarbeit

Je nach Teilnehmer sind die Impulse für die Weiterarbeit am eigenen Lernziel recht unterschiedlich. Insofern benötigen Sie die Flexibilität, sich auf das einzustellen, was von Ihrem Teilnehmer an Informationen kommt. Vielfach braucht der Teilnehmer noch inhaltliche Impulse. Peter will zum Beispiel wissen, wie er seinen Kollegen sagen kann, dass er ungestörte Arbeitszeiten in seinem Arbeitsalltag braucht. Er fühlt sich da im Konflikt. Denn in der Firma herrscht die »Politik der offenen Tür«. Er will für seine Mitarbeiter da sein, wenn diese gerade eine Frage haben. Andererseits machen ihn die vielen Unterbrechungen nervös und unproduktiv.

Flexibilität gefragt

Neben den inhaltlichen Impulsen ist es aber auch wichtig, dass Sie das Thema Transferstärke nicht aus dem Blickwinkel verlieren. Im Gespräch ergeben sich dazu typischerweise die folgenden beiden Anknüpfungspunkte: Es zeigt sich, dass Ihr Teilnehmer bestimmte Transferstärke-Tipps im Auswertungsgespräch doch noch nicht so genau verstanden hat, wie es den Anschein machte. Er braucht also weitere Erklärungen, zum Beispiel wie er die Technik des Rückfallmanagements genau anwenden muss. Der andere Fall ist, dass Sie im Auswertungsgespräch bestimmte Tipps gar nicht oder nur am Rande behandelt haben. Dies ist normalerweise dann der Fall, wenn Ihr Teilnehmer recht viele Handlungstipps hat. Dann reicht die Zeit nicht, alles zu besprechen. Außerdem macht es wenig Sinn, durch alle Themen zu hetzen, weil Sie die Teilnehmer damit überfordern. Nun gilt es also auch diese Aspekte näher darzustellen. Oft betrifft dies Aspekte rund um den Faktor »Positives Selbstgespräch«.

An Erfahrungen anknüpfen

Da zum Zeitpunkt des Auswertungsgesprächs noch keine Umsetzungserfahrungen vorlagen, konnten Sie dieses Thema am ehesten hinten anstellen. Beim ersten Follow-up hören Sie nun, wie Ihr Teilnehmer über den Stand seiner Umsetzung denkt und spricht. Folglich können Sie an diesen Erfahrungen ansetzen, so wie ich es bereits weiter oben im Zusammenhang mit der Prozentfrage erläutert habe. Die Äußerungen des Teilnehmers sind also eine gute Brücke zu den Transferstärke-Tipps. So kann es beispielsweise sein, dass Ihr Teilnehmer über negative Reaktionen von seinen Kollegen berichtet. Das führt zum Thema »Unterstützendes Umfeld« und »Motivierende Teamkultur«. In dem Fall besprechen Sie, wie Ihr Teilnehmer am besten damit umgeht, wenn ihn seine Kollegen angesichts seiner Lernbemühungen mit spöttischen Bemerkungen von der Seite »anmachen«.

4. Nächste Schritte bis zum zweiten Follow-up

In dieser Gesprächsphase bereiten Sie Ihren Teilnehmer darauf vor, wie es nun nach diesem Follow-up für ihn weitergeht. Die folgenden Checkpunkte besprechen Sie mit ihm:

Weitere Anwendung der Transferstärke-Tipps: Aus dem Gespräch heraus ist deutlich geworden, welche Transferstärke-Tipps Ihr Teilnehmer als wichtige To-dos im Blick behalten sollte. Das können die sein, die Sie bereits im Auswertungsgespräch identifiziert haben, aber auch andere Punkte, die bisher zu wenig beleuchtet oder eben noch gar nicht angesprochen wurden.

Lernverlaufskurve zur Erfolgsmessung

Einsatz einer Lernverlaufskurve: Wenn Sie den Eindruck gewonnen haben, Ihr Teilnehmer braucht noch mehr Struktur, um sich in der Transferphase immer wieder selbst in Hinblick auf seinen Umsetzungserfolg zu reflektieren, bietet sich als Tool die unten abgebildete Lernverlaufskurve an. Das Blatt erlaubt es Ihrem Teilnehmer, auf einen Blick alle wichtigen Punkte zu sehen, die für seinen Umsetzungserfolg eine Rolle spielen – also Lernziel und Transferstärke-Tipps. Darüber hinaus steckt darin die Idee, dass er zum Beispiel für die nächsten acht Wochen einmal pro Woche reflektiert, wo er mit seiner Umsetzung steht und was dies mit seinem Transferstärke-Profil und den dazugehörigen Handlungstipps zu tun hat. Den zeitlichen Rhythmus der Selbstreflexion bestimmt dabei der Teilnehmer. Das kann anfangs auch einmal am Tag sein, wenn es zum Lernziel passt. Bei Peter macht dies zum Beispiel Sinn, weil er lernen will, zeiteffizient zu arbeiten. Die Reflexionsfrage zur Umsetzung kann er sich folglich jeden Abend stellen. Beim erwähnten Acht-Wochen-Rhythmus kreuzt der Teilnehmer pro Woche an, inwiefern der Umsetzungserfolg eher schlecht (trauriger Smiley), mittel (neutraler Smiley) oder gut war (fröhlicher Smiley). Um die eigene Entwicklungskurve genau nachvollziehen zu können, schreibt er außerdem das Datum auf, an dem er die Reflexion gemacht hat. Ein weiterer wichtiger Punkt ist ein kurzes schriftliches Fazit. Der Teilnehmer notiert ein paar Stichworte, was er mit Blick auf seine Transferstärke-Tipps tun will, damit er mit seinem Lerntransfer in den »grünen Bereich« kommt. Die Schriftlichkeit sorgt dabei für mehr Klarheit und Verbindlichkeit. Wenn es technisch möglich ist, können Sie dem Teilnehmer diese Lernverlaufskurve (als Word-Vorlage) noch während des Telefonats zumailen. Dann hat er sie gleich an-

Notizen sorgen für Verbindlichkeit

schaulich vor Augen. Ansonsten lassen Sie ihm diese nach dem Telefonat zukommen. Die Alternative dazu ist, dass Sie diese Unterlage bereits standardmäßig in Ihrem Training als Handout verteilen und Ihre Teilnehmer bitten, die Lernverlaufskurve bis zum ersten Follow-up-Gespräch zu nutzen. So sehen Sie auch, wie Ihre Teilnehmer mit dem Tool umgehen. Meine Erfahrung zeigt jedoch, dass erstaunlich wenig Teilnehmer sich gerne in dieser Form systematisch reflektieren. Meistens machen Sie es lieber im Kopf als schriftlich. Wie auch immer: Die Verbindlichkeit nimmt zu, wenn Ihr Teilnehmer Ihnen vor jedem Follow-up seine Lernverlaufskurve zumailen soll. Der Nachteil ist, dass dies nicht jeder tut und dass es auch mehr Aufwand bedeutet. Daher empfehle ich den Einsatz dieses Tools, wenn sich aufgrund vergangener Umsetzungserfahrungen zeigt, dass der Lerntransfer nicht so gut funktioniert hat. Denn dann ist die Bereitschaft größer, mit dem Tool zu arbeiten, weil sich gezeigt hat, dass der Teilnehmer den Bedarf hat, sich noch mehr selbst zu reflektieren und dadurch bewusster zu steuern.

Mehrfach rote Smileys heißt sich melden

DOKUMENTIEREN SIE IHREN UMSETZUNGSERFOLG

Machen Sie am Ende jeder Woche ein Kreuz in dem Bereich, der für Sie zutrifft. Notieren Sie auch das Datum. Ziehen Sie ein kurzes Fazit, was Sie weiterhin beachten müssen, damit Sie Ihren Umsetzungserfolg sicherstellen. Sollten Fortschritte ausbleiben, sprechen Sie unbedingt Ihren Transferstärke-Coach an.

Mein aktuelles Lernziel lautet:

Meine drei wichtigsten Maßnahmen aus der To-do-Liste lauten (nur in Stichpunkten/Bezeichnung des Handlungstipps, z.B. Kopfkino einsetzen):

Nr.	Maßnahme aus der To-do-Liste
1	
2	
3	

	Woche 1	Woche 2	Woche 3	Woche 4	Woche 5	Woche 6	Woche 7	Woche 8
☺	☐	☐	☐	☐	☐	☐	☐	☐
😐	☐	☐	☐	☐	☐	☐	☐	☐
☹	☐	☐	☐	☐	☐	☐	☐	☐
Datum								
Fazit								

Abbildung 16: Lernverlaufskurve

Teilnehmer soll sich bedarfsgerecht melden: Ermutigen Sie Ihren Teilnehmer, sich zu melden, wenn er mit der Umsetzung nicht weiterkommt (z. B. mehrfach roter Smiley) oder sich Fragen ergeben. Ich muss allerdings gestehen, dass ich in all den Jahren noch nie den Fall erlebt habe, dass sich jemand zwischendurch oder auch nach Ende der Follow-up-Gespräche gemeldet hat. Das mag daran liegen, dass viele Teilnehmer tatsächlich gut zurechtkommen, wie die Eindrücke in den Gesprächen zeigen. Ich will aber nicht ausschließen, dass sich manche auch deshalb nicht melden, weil sie sich keine Blöße geben oder nicht zu aufdringlich sein wollen. Natürlich kann es auch sein, dass bei manch einem die Motivation nicht ausreicht, sich für den eigenen Lerntransfer alle Hilfe zu holen, die möglich ist.

Klärung von offenen Fragen: Klären Sie, ob Ihr Teilnehmer noch offene Fragen hat, und beantworten Sie diese.

5. Feedback zum Gespräch und Abschluss

Abschließend bitten Sie Ihren Teilnehmer um ein Feedback zum Gespräch. Peter meinte zum Beispiel am Ende des Follow-ups: »Ich bin sehr positiv überrascht von dem ganzen Konzept. Ich wollte es mir mal offen anschauen. Es hat mir schon viel gebracht. Ich habe gemerkt, wie ich mir auch selbst im Weg stehe. Dadurch war es mir möglich, gute Maßnahmen zu entwickeln, um mein Lernziel zu erreichen.«

Besonderheiten

Im Folgenden möchte ich Sie nun noch mit einigen speziellen Situationen vertraut machen, die Ihnen bei den Follow-up-Gesprächen begegnen können. Sie lesen dazu gleich meine Handlungsempfehlungen.

Rückfall in alte Verhaltensmuster

Den alten Trott besiegen lernen

Vielen Menschen fällt es schwer, ihr Verhalten zu verändern. Gerade unter dem Stress und Zeitdruck des täglichen Arbeitslebens ist das auch ganz normal. Folglich werden Sie beim ersten Follow-up von Ihren Teilnehmern häufiger hören, dass sie wieder in ihren alten Trott zurückgefallen sind. Dann ist der Punkt gekommen, den Transferstärke-Tipp »Vorboten erkennen für Rückfallvorbeuge« zu vertiefen. Zur Erinnerung: Dabei geht es im Kern darum, die Vorboten von Rückfällen in alte Gewohnheiten zu kennen und zu wissen, wie Sie rechtzeitig gegensteuern. Das Prinzip ist ähnlich wie bei einem Erdbeben. Da gibt es zunächst leichte und dann immer deutlichere seismografische Anzeichen, bis irgendwann die Erde bebt und auseinanderbricht. Wenn Sie also diese frühzeitigen Signale rechtzeitig erkennen, können Sie noch die richtigen Schutzmaßnahmen treffen. Allein die Erkenntnis, dass es Vorboten gibt, ist für viele Teilnehmer überraschend. Denn die Vorboten eröffnen einen Handlungsraum, den sie vorher nicht gesehen haben. Die meisten Menschen machen nämlich die Erfahrung, dass sie im Alltag den richtigen Moment verpassen, wo sie auf ein neues Verhalten umschalten müssten. Und hinterher ärgern sie sich, dass sie es wieder nicht geschafft haben.

Schriftlichen Rückfallplan erarbeiten

Damit Ihr Teilnehmer künftig gewünschte Verhaltensänderungen besser steuern kann, lernt er im Follow-up die Technik des aktiven Rückfallmanagements genauer kennen. Das zentrale Ziel dabei ist, dass Sie mit Ihrem Teilnehmer einen schriftlichen Rückfallplan erarbeiten, den er dann bis zum zweiten Follow-up ausprobiert. Für diese Zwecke verwenden Sie die Arbeitsunterlage »Rückfallplan erstellen«, die Sie in der Abbildung auf Seite 96 sehen.

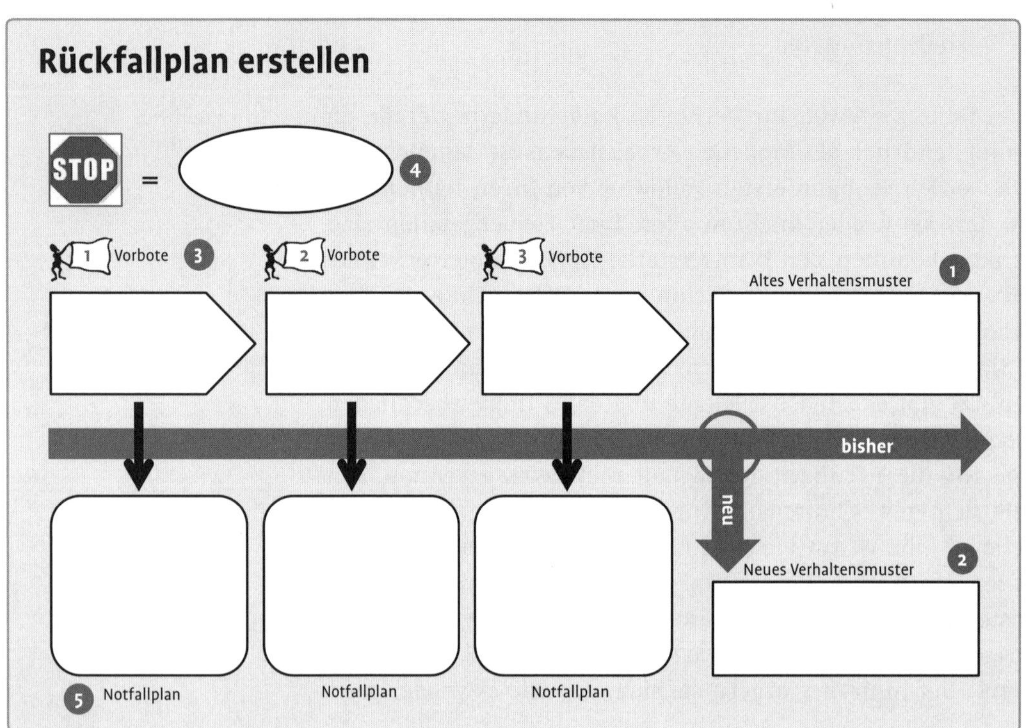

Abbildung 17: Eigenen Rückfallplan erstellen

Schicken Sie Ihrem Teilnehmer während des Telefonats die Vorlage (PowerPoint-Datei) per Mail zu. Ist dies nicht möglich, können Sie ihn auch bitten, sich ein weißes Blatt Papier zu nehmen und darauf unter Ihrer Anleitung den Rückfallplan zu notieren.

Rückfallmanagement im Training üben

Eine Alternative dazu ist, in Ihrem Training ein Zeitfenster einzurichten, in dem Sie mit Ihren Teilnehmern einen Rückfallplan erstellen. Das ist dann eine gute Option, wenn Sie durch die anfängliche Transferstärke-Analyse festgestellt haben, dass viele Ihrer Teilnehmer den Rückfall in alte Muster als Transferrisiko aufweisen. Widmen Sie diesem Thema eine Trainingseinheit von etwa einer Zeitstunde und lassen Sie Ihre Teilnehmer einen Rückfallplan für ihr wichtigstes Lernziel erstellen.

Die Rückfallmanagement-Technik lässt sich mit dem Plan leicht umsetzen. Denn im Prinzip müssen Sie mit Ihrem Teilnehmer nur die einzelnen Felder in der richtigen Reihenfolge durchgehen und die Gedanken dazu notieren. Damit das gut funktioniert, braucht es allerdings etwas Übung – sowohl für Sie als Anleitenden als auch für Ihren Teilnehmer, der ja die Technik des Rückfallmanagements lernen soll, um sie in Zukunft selbstständig anwenden zu können. Die Erfahrung zeigt nämlich, dass es anfangs gar nicht so einfach ist, die erwähnte Abfolge von Vorboten herauszuarbeiten.

Teilnehmer schreibt selbst mit

Im Normalfall werden Sie den Rückfallplan mit Ihrem Teilnehmer am Telefon erarbeiten. Dies ist auch von Vorteil, weil Sie besser individuell auf ihn eingehen können als in der Gruppensituation des Trainings. Bitten Sie Ihren Teilnehmer, dass er sich alle Punkte auf dem Plan selbst aufschreibt. Dabei hat es sich bewährt, dass auch Sie als Trainer einen Ausdruck des Rückfallplans vorliegen haben und ebenfalls mitschreiben. So sind Sie nämlich im gleichen Denkprozess wie Ihr Teilnehmer und bleiben dadurch mit ihm auf Ballhöhe. Sonst kann es passieren, dass Sie den Prozess zu schnell angehen und Ihr Teilnehmer gar nicht die Zeit hat, in Ruhe mitzudenken und mitzuschreiben. Außerdem können Sie die Mitschrift beim zweiten Follow-up hervorholen und so besser an das erste Gespräch anknüpfen.

Schritte zur Erstellung des Rückfallplans

Kommen wir nun dazu, wie Sie den Rückfallplan im Detail erarbeiten. Dazu erkläre ich Ihnen die verschiedenen Felder in dem Schaubild. Die Zahlen von 1 bis 5 geben dabei die Reihenfolge der Bearbeitung an. Der horizontale Pfeil in der Mitte der Vorlage symbolisiert den Automatismus des bisherigen Verhaltensmusters. Gewohntes Handeln bedeutet, dass ganz viele Vorgänge auf unbewusster Ebene und automatisch stattfinden. Es ist so ähnlich, wie wenn ein Flugzeug auf Autopilot fliegt. Unser Autopilot steuert das Verhalten im Alltag. Er nimmt Informationen auf, analysiert und bewertet diese und führt uns zu Handlungen. Die Basis dafür sind bisherige Lernerfahrungen, die im Gehirn abgespeichert sind. Handlungen zu automatisieren und Routine zu entwickeln ist eine der Kernaufgaben des Autopiloten. Wir versuchen so viel wie möglich zu automatisieren, denn das macht uns effizient und entlastet den »Piloten« in unserem Kopf.

Aufgaben des Autopiloten

Unser Autopilot übernimmt im Kopf die Führung, wenn wir

- unter Zeitdruck stehen,
- mit Informationen überlastet sind (zu viel, zu komplex),
- wenig interessiert bzw. gleichgültig sind,
- unsicher sind, wie wir uns in einer Situation am besten entscheiden sollten.

Alle diese Situationen tragen dazu bei, dass wir nicht bewusst und reflektiert nachdenken, wie wir uns verhalten wollen, sondern das Verhalten zeigen, das wir schon ganz oft in bestimmten Situationen wiederholt haben. Im Feld mit dem Hinweis »Altes Verhaltensmuster« lassen Sie Ihren Teilnehmer nun in das Feld 1 das alte Verhaltensmuster notieren, das er gerne verändern möchte. Peter schreibt hinein: »Am Anschlag arbeiten.« Insgesamt muss hier gar nicht viel Text stehen. Es reicht, wenn Ihr Teilnehmer ein paar Stichworte nennt, die sein Muster gut beschreiben. Kennzeichnend für ein Muster ist, dass es Ihren Teilnehmer in dieses Verhalten immer wieder »hineinzieht«, wie der Sog eines Strudels.

Alte Verhaltensmuster sind wie ein Sog

Um ein Verhalten zu verändern, muss der erwähnte Autopilot ausgeschaltet werden. Wie im Flugzeug auch, übernimmt dann der Pilot die Steuerung. Das bedeutet: Ihr Teilnehmer lernt, sich bewusst in Richtung neuer Verhaltensweisen zu steuern. Dafür steht der vertikale Pfeil, an dem »neu« steht. In das Feld 2 mit dem Hinweis »Neues Verhaltensmuster« notiert Ihr Teilnehmer nun, wie sein neues Verhalten aussehen soll. Dazu hat er im Prinzip schon gute Vorstellungen dank des Besuchs Ihres Trainings. Möglicherweise ergeben sich jetzt aber noch Feinheiten, worum es ihm genau geht. Peter notiert hier: »Aufgaben delegieren.«

Im dritten Schritt geht es darum, dass Ihr Teilnehmer sich der Vorboten bewusst wird, die ihm anzeigen, dass der Rückfall in alte Gewohnheiten droht. Dabei ist das Ziel, möglichst frühzeitig Vorboten zu finden. Denn dann ist es leichter, noch die Kurve zum gewünschten Verhalten zu bekommen. Ich nutze für diesen Erarbeitungsprozess gerne das Bild von einer Autobahn. Sie fahren mit 140 Stundenkilometern auf der Autobahn. Dann kommt der erste Vorwegweiser, der Sie auf eine bevorstehende Abfahrt hinweist. Dann der nächste und dann vielleicht noch ein letzter. Wenn Sie die alle nicht beachtet haben, fahren Sie an der Ausfahrt vorbei. Vorboten sind mit diesen Vorwegschildern vergleichbar. Sie zeigen an, dass der Moment naht, in dem die Ausfahrt zum neuen Verhaltensmuster kommt. Wenn Sie die Vorwegschilder frühzeitig beachten und sich schon darauf einstellen, dass Sie gleich abfahren müssen, schaffen Sie es, rechtzeitig abzubremsen und die Ausfahrt zu nehmen.

Metapher Autobahn

Ein Vorbote kann ein inneres Gefühl sein (z. B. aufsteigender Ärger), bestimmte Situationsauslöser (z. B. drei Anforderungen kommen gleichzeitig auf Sie zu) oder auch einfach nur ein Gedanke (z. B. »Das schaffe ich nie«).

Für Ihren Teilnehmer ist die Arbeit mit Vorboten normalerweise neu und ungewohnt. Er hat sich in dieser Hinsicht noch nie selbst beobachtet, weil er gar nicht wusste, dass es etwas zu beobachten gibt. Erarbeiten Sie

Vorboten sind wie Dominosteine

nun mit Ihrem Teilnehmer mindestens drei Vorboten, die wie umfallende Dominosteine nacheinander ablaufen. Bei Peter ist der erste Vorbote, dass er morgens zur Arbeit kommt und beim Blick auf seine volle Aufgabenliste schon inneren Druck verspürt. Der zweite Vorbote ist: Es kommt im Laufe des Tages eine weitere Anforderung hinein, die auch noch gemacht werden soll. Der dritte Vorbote ist: Innerlich kommt der Gedanke hoch, dass er eigentlich einige Aufgaben an seine Mitarbeiter abgeben müsste, aber das dauert ihm zu lange, ihnen das zu erklären. So macht er die Aufgaben lieber alle selbst. Die Folge dieser Gedankenkette ist dann, dass er den ganzen Tag durcharbeitet, abends noch länger im Büro ist und auch am Wochenende die Arbeit mit nach Hause nimmt.

Frühestmögliche Vorboten finden

Um die Vorboten herauszuarbeiten, stellen Sie sich vor, wie Sie sich mit Ihrem Teilnehmer auf der Autobahn bewegen. Meistens wird als erster Vorbote ein Signal genannt, das bereits sehr dicht an dem Punkt dran ist, wo der Teilnehmer in den Sog seines alten Musters gerät. Deshalb lauten die Leitfragen: Was kommt noch davor? Was gibt es da noch für Vorboten? Was sind es für Gedanken und Gefühle, die es zu bestimmten äußeren Umständen gibt? Wie läuft es bei dem Teilnehmer ab? Sie gehen wie in Zeitlupe die Autobahn ab und machen den Prozess sichtbar, der sonst unbewusst und blitzschnell abläuft. Sie sensibilisieren den Teilnehmer für all die Dinge, die er sieht, hört, denkt und fühlt.

Wie ein Stock in der Fahrradspeiche

Im vierten Schritt kommen Sie auf das Stoppsignal zu sprechen. Wie erwähnt, ist unser Gehirn bei Gewohnheiten im Autopilot unterwegs. Es muss quasi »geweckt« werden, damit es aus diesem Automatismus herauskommt. Sobald der Teilnehmer also einen Vorboten bemerkt, soll er im Alltag innerlich »Stopp – Vorsicht altes Muster!« zu sich sagen. Dieser innere Stopp sollte sich so anfühlen, wie wenn Sie einen Stock in eine sich bewegende Fahrradspeiche halten. Denn nur so gelingt es, den Automatismus der Gewohnheit zu unterbrechen.

Um im Bild zu bleiben: Wenn Sie mit 140 Stundenkilometern über den Asphalt dahinrauschen, können Sie nicht in diesem hohen Tempo in die Ausfahrt fahren. Sie müssen auf die Bremse treten und das Gas wegnehmen. Das innere Stoppsignal ist dabei besonders wirksam, wenn der Teilnehmer es durch eine körperliche Bewegung unterstützt (z. B. vom Sitzplatz aufstehen, einen Schluck Wasser trinken, die Faust ballen, oder etwas anderes). Es sollte etwas sein, was Ihr Teilnehmer bei jedem Vorboten anwenden kann und was auch in der jeweiligen Situation machbar ist. Völlig unpassend wäre es, wenn er im Großraumbüro aufsteht, laut »Stopp« brüllt und sich auf die Schenkel schlägt. Das mag bei ihm als Stoppsignal wirken, könnte aber dazu beitragen, dass seine Kollegen den Betriebsarzt holen, weil sie denken, bei ihm ist eine Sicherung durchgebrannt. Erarbeiten Sie sich also einen geeigneten Weg.

Schließlich kommt der letzte wichtige Schritt 5. Ihr Teilnehmer braucht für jeden Vorboten einen passenden Notfallplan. Der Name »Notfallplan« kommt daher, dass im Alltag nicht die Zeit ist, groß umzudenken, wenn der Rückfall droht. Vielmehr muss Ihr Teilnehmer dann schnell wissen, was zu tun ist. Das ist ähnlich wie bei einem Rettungssanitäter, der auch sofort wissen muss, was er tun muss, wenn er an den Unfallort kommt und dort einen im Auto eingeklemmten Fahrer sieht. Wenn er sich dazu vorher keine Gedanken gemacht hat bzw. das richtige Verhalten nicht kennt, ist er handlungsunfähig. Die Leitfrage ist: »Was müssen Sie tun oder zu sich selbst sagen, um nicht ins alte Muster zurückzufallen, sondern die Kurve zum neuen Verhalten zu schaffen?« In den meisten Fällen haben die Teilnehmer ganz gute Gedanken. Wenn es doch mal hakt, geben Sie einfach selbst Ideen hinein, die sich aus Ihrem Fachwissen als Trainer ableiten.

Innerer Dialog steuert Umdenken

Peter hat für sich z. B. den folgenden Notfallplan beim ersten Vorboten geschmiedet. Wenn er morgens den inneren Druck spürt und in Aktionismus gerät, will er nach dem Stoppsignal zu sich sagen: »Achtung, ich will jetzt wieder alles gleichzeitig erledigen. Nimm Dir kurz die Zeit, genau zu überlegen, was Du zwingend selbst machen musst. Das andere delegiere. Sonst arbeitest Du Dich tot.« Das Beispiel ist dahingehend typisch, dass es ganz oft darum geht, sich selbst im Kopf Anleitungen zu geben – eben sich selbst zu steuern. Bei der Erarbeitung des Notfallplans ist Peter aber auch bewusst geworden, dass er einfach Zeit investieren muss, um seine Mitarbeiter so einzuarbeiten, dass sie bestimmte Aufgaben übernehmen können. Diese Erkenntnis spielte bei seinem dritten Vorboten eine große Rolle, wo ihm normalerweise der Gedanke kommt: »Ehe ich es meinen Mitarbeitern erkläre, mache ich es selbst, da ich keine Zeit habe.«

Rückfallplan fühlt sich passend und gut an

Entscheidend ist, dass Sie Ihrem Teilnehmer helfen, einen Notfallplan zu entwickeln, der zu ihm persönlich passt und sich »gut anfühlt«. Das Gütekriterium des Plans ist, dass Ihr Teilnehmer das Gefühl hat, der erarbeitete Notfallplan könne im Alltag funktionieren. Fragen Sie deshalb aktiv nach, wie Ihr Teilnehmer den Plan empfindet. Wenn er Zweifel hat, müssen Sie noch weiter mit ihm daran arbeiten.

Am Ende hat Ihr Teilnehmer schließlich einen konkreten Rückfallplan vorliegen, der ihm in sehr präzisen Wenn-dann-Beziehungen aufzeigt, wie er vorgehen muss, damit er seine Verhaltensänderung hinbekommt. Allein diese Klarheit wirkt sich erfahrungsgemäß sehr wohltuend für Teilnehmer aus und fördert den Umsetzungserfolg.

Mit diesem Plan geht Ihr Teilnehmer dann in seinen Arbeitsalltag und probiert ihn aus. Für gewöhnlich braucht es etwa 30 bis 45 Minuten, bis Sie einen Rückfallplan erarbeitet haben. Die Zeit ist aber sehr gut investiert, denn in der Regel funktioniert so ein Plan dann auch in der Praxis, wenn der Teilnehmer sich damit weiter befasst und die Anwendung priorisiert. Besonders hilfreich ist es, wenn er sich den Plan jeden Tag anschaut und dadurch wieder ins Gedächtnis ruft. Wenn Sie Ihren Teilnehmer dann beim zweiten Follow-up fragen, zu wie viel Prozent der Plan funktioniert hat, kommt oft die Zahl »60 Prozent«. Das ist das Zeichen für Sie zu fragen: »Was war in den 40 Prozent, wo es nicht geklappt hat?« Hier kann es sein, dass der Teilnehmer Vorboten nicht erkannt hat, sich nicht deutlich genug »Stopp« gesagt hat oder dass der Notfallplan noch nicht optimal funktioniert hat. Es kann also durchaus sein, dass Sie Notfallpläne noch einmal nachbessern müssen. Vielfach ist es aber so, dass bei den Fehlschlägen andere Situationen eingetreten sind, die bisher nicht als Vorboten definiert sind. Kurzum: Es gilt auch hierzu geeignete Notfallpläne zu schmieden, um Ihren Teilnehmer auf der »Umsetzungsleiter« einen Schritt weiter nach oben zu bringen.

In welchen Situationen ist der Rückfall passiert?

Abschließend möchte ich noch an dieser Stelle bemerken, dass mich die Arbeit mit den Rückfallplänen in Hinblick auf die Frage, wie viel Veränderung Menschen hinbekommen können, eine gewisse Demut gelehrt hat. Wenn Sie von außen einen Rückfallplan sehen, dann wirkt es meistens relativ einfach, fast läppisch, was sich jemand vorgenommen hat. Doch für den Betreffenden ist es genau andersherum. Für ihn bedeutet die im Rückfallplan definierte Veränderung oftmals einen großen Schritt. Bis dieser eine Schritt wirklich gemacht ist, vergehen oft zwei Monate. Aus dieser Erkenntnis resultiert auch der zeitliche Verlauf der Transferstärke-Methode mit zwei Follow-ups im Abstand von jeweils einem Monat. Wenn ich also bedenke, wie viel Teilnehmer in einem Training lernen könnten und wie wenig wirklich umsetzbar ist, dann lautet für mich die schlichte Erkenntnis: Weniger ist mehr. Und es gilt, noch mehr auf das zu fokussieren, was für den Teilnehmer einen wirklichen Mehrwert im Arbeitsalltag hat.

Ein Rückfallplan reicht völlig

Teilnehmer hat nicht am Lernziel gearbeitet

Sie erfahren von Ihrem Teilnehmer, dass er an seinem Lernziel nicht gearbeitet hat, obwohl er prinzipiell die Anwendungsmöglichkeiten dazu hatte. Wenn mir das ein Teilnehmer sagt, dann lobe ich ihn für diese Ehrlichkeit.

Ehrlichkeit loben

Immerhin könnte er mir auch etwas vorlügen. Vor allem ist nun das Ziel des Gespräches, herauszuarbeiten, welche der ermittelten Transferrisiken aus seinem Transferstärke-Profil maßgeblich die fehlende Umsetzung beeinflusst haben. Ein oft gehörtes Argument von Teilnehmern lautet, sie hätten keine Zeit, sich mit ihren Lernzielen zu befassen. Diese Transferbarriere ist meistens schon in ihrem Transferstärke-Profil nachzulesen. Genauso finden sich niedrige Prozentwerte beim Rückfallmanagement. Kurzum: Die bisherige Erfahrung zeigt, dass sich die Mechanismen des Scheiterns im Transferstärke-Profil schon vor Trainingsbeginn abgezeichnet haben. Doch der Teilnehmer hat diese nicht zum Anlass genommen, die Transferstärke-Tipps zu nutzen und entsprechend gegenzusteuern.

Eine Lernchance daraus machen

Diese Situation ist nun ein guter Ansatzpunkt, um mit dem Teilnehmer zu reflektieren, was ihn davon abgehalten hat, das Wissen aus seinem Profil zu nutzen. Typischerweise kommen Sie dann auf die Themen Motivation und Änderungswille zu sprechen. Zwar hat der Teilnehmer am Ende des Trainings die Motivation verspürt, sich seinem Lernziel zu widmen, doch – so zeigt sich ja nun – war diese Motivation für eine Veränderung nicht stark genug. Sie nehmen diese Erkenntnis zum Anlass, Ihren Teilnehmer zu fragen, was es an Voraussetzungen braucht, damit er einen sehr starken Änderungswillen verspürt. Was braucht es, damit er sein Lernziel jeden Tag als erste Priorität auf seiner Aufgabenliste hat?

Die Besprechung dieser Mechanismen gibt für die meisten Teilnehmer den Anstoß, sich wirklich um eine Veränderung zu bemühen. Es geht ein Ruck durch sie. Sie verstehen nun viel besser, was ihnen ihr Transferstärke-Profil als Hilfestellung gibt. Ihnen wird klar, dass die Transferstärke-Tipps wie die Regler eines Mischpultes sind, die man hoch- oder runterdrehen kann. Und dass es ihre eigene Entscheidung ist, ob sie die Tipps »hochdrehen« – sprich aktiv nutzen – und damit ihren Umsetzungserfolg positiv beeinflussen.

Luftleeres Lernziel – kein Änderungsbedarf

Ich habe aber auch den einen oder anderen Fall erlebt, wo der Teilnehmer und ich konstatieren mussten, dass in seinem Lernziel bei Licht betrachtet nicht genug Umsetzungsenergie steckte. Oder anders gesagt: Der Leidensdruck war nicht groß genug. Nicht zu handeln hatte einen größeren gefühlten Nutzen. Das Leben lief auch ohne Veränderung ganz gut. In so einem Fall bleibt nur die Frage, ob es ein anderes Lernziel gibt, das wichtig genug ist, um daran zu arbeiten. Sollte sich hier nichts finden, macht ein zweites Follow-up keinen Sinn. Der Teilnehmer will ja so bleiben, wie er ist. Sie müssen sich dann gemeinsam überlegen, was Sie dem Auftraggeber sagen, der das Training bezahlt hat.

Mangelnde Offenheit als roter Faden

Wie bereits im Leitfaden zum Auswertungsgespräch beschrieben, ist es sehr wichtig, mit den Teilnehmern in einen guten Dialog zu kommen, die im Faktor »Offenheit für Fortbildung« niedrige Prozentwerte haben. Nun kann es sein, dass sich die mangelnde Offenheit sowohl im Training selbst wie auch in den Umsetzungsergebnissen beim Follow-up wie ein roter Faden durchzieht. Und das, obwohl Sie ja mit Ihrem Teilnehmer beim Auswertungsgespräch erörtert haben, wie er seine Offenheit steigern kann. Von daher kommt es gerade im ersten Follow-up darauf an, in gut gewählten Worten ein Feedback zu geben, wie Sie Ihren Teilnehmer erleben und wo Sie die Bezugspunkte dazu in dessen Transferstärke-Profil sehen.

Abwehrtendenzen zum Thema machen

So kann es sein, dass er sich im Training abwehrend gegenüber Übungen geäußert oder gar nicht erst mitgemacht hat. Oder er beklagt sich, dass ihm das Training am Ende nicht viel gebracht hat. Nehmen Sie all das nicht persönlich. Erkunden Sie vielmehr die Hintergründe für seine Sicht. Bauen Sie diese Situation als Lernchance für Ihren Teilnehmer auf. Ihm sollen seine transferhinderlichen Einstellungen und die Folgen für den Trainingserfolg bewusst werden. Und das geht leichter, indem Sie auf sein Transferstärke-Profil verweisen, in dem schwarz auf weiß nachlesbar ist, wo seine Transferrisiken liegen. Im besten Fall führt diese Reflexion zu einem Umdenken beim Teilnehmer und Sie finden gemeinsam einen Ansatz, wie er doch Lerninhalte aus dem Training erfolgreich in die Umsetzung bringt. Ich habe aber auch schon Fälle erlebt, bei denen die mangelnde Offenheit aus einer frustrierenden Arbeitssituation resultierte. Teilnehmer sind mit allem unzufrieden. Oder überfordert. Oder gar in einem Zustand innerer Kündigung. Sie stecken fest. Auch hier kann das persönliche Gespräch hilfreiche Impulse geben und beim Teilnehmer Selbstklärungsprozesse fördern.

Frust und Überforderung dahinter

Auf diese tiefere Ebene kommen Sie aber nicht in der Gruppensituation des Trainings. Denn oft fehlen die Zeit und der äußere Rahmen. Deshalb ist das Follow-up meistens der bessere Zeitpunkt, um das Thema Offenheit anzusprechen und die eben erwähnte Reflexion auf der Basis des Transferstärke-Profils anzustoßen.

Änderung des Lernziels

Am Ende Ihres Trainings hat sich Ihr Teilnehmer auf ein bestimmtes Lernziel fokussiert und Ihnen dazu später eine Mail geschickt. Nun kann es zwei Fälle geben:

- In der Zwischenzeit hat sich Ihr Teilnehmer doch nochmal umorientiert und sein Lernziel verändert. In diesem Fall stellen Sie sich flexibel auf die Neuerung ein. Finden Sie heraus, was der Hintergrund für diese Änderung ist und seit wann der Teilnehmer das Lernziel aktiv verfolgt. Ansonsten bleiben die beschriebenen Eckpunkte des Follow-up-Gesprächs gleich.
- Das Lernziel ist aus Sicht des Teilnehmers erreicht. Fragen Sie ihn, an welchem anderen Lernziel er gerne noch arbeiten möchte, um den Begleitprozess mit Ihnen zu nutzen. Klären Sie, wie schon einmal im Auswertungsgespräch geschehen, welche der Transferstärke-Tipps für das neue Thema besonders bedeutsam sind.

Transferstärke als Lernebene gerät aus dem Blick

Bereits im Zusammenhang mit dem Auswertungsgespräch habe ich erwähnt, dass es Teilnehmern bisweilen schwerfällt, die beiden Arbeitsebenen bei der Transferstärke-Methode auseinanderzuhalten. Zum einen geht es darum, ein inhaltliches Lernziel erfolgreich umzusetzen – wobei die Transferstärke-Tipps helfen sollen. Zum anderen ist es aber auch das Ziel, die eigene Transferstärke auf ein höheres Level zu entwickeln, sprich sich selbst besser bei persönlichen Lern- und Veränderungsprozessen zu steuern. Diese zweite Ebene gerät schnell aus dem Blick, wenn Sie sich mit dem Teilnehmer vor allem der Frage widmen, wie er sein aktuelles Lernziel gut erreicht, und nicht ab und zu auch wieder die Botschaft erwähnen, dass er gleichzeitig lernt, sich im Sinne der Transferstärke-Tipps zu steuern.

Missverständnis zu Transferstärke-Tipps

Seien Sie darüber hinaus hellhörig, ob Ihr Teilnehmer die Transferstärke-Tipps missversteht. Hier gibt es vor allem zwei neuralgische Felder. Einmal der Faktor »Positives Selbstgespräch«: Manche Teilnehmer verstehen darunter die grundsätzliche Art, wie sie mit sich selbst sprechen, und haben dann auch negative innere Dialoge vor Augen, wenn es um die Bearbeitung von Aufgaben in ihrer Arbeit geht. Doch das ist in dem Fall nicht der Fokus. Bei diesem Faktor geht es nur darum, wie jemand mit sich selbst spricht, wenn er sich eine Veränderung vorgenommen hat und dann scheitert. Ob er sich dann zum Beispiel mangelnde Willensstärke vorwirft, sich selbst Vorwürfe macht und Sätze im Kopf hat wie »Das werde ich nie hinbekommen.«

Zum anderen ist der Faktor »Zeit für Neues« betroffen. Nehmen wir hierzu ein typisches Beispiel von Teilnehmern. Das Lernfeld betrifft Zeitmanagement. Wenn Sie den Teilnehmer dann fragen, inwiefern der Faktor »Zeit für Neues« für seinen Umsetzungserfolg eine Rolle gespielt hat, dann kann es passieren, dass er inhaltlich antwortet, zum Beispiel: »Das ging ganz gut. Ich habe mir Randzeiten im Arbeitsalltag eingeplant, wo ich in Ruhe Aufgaben machen kann und nicht ständig unterbrochen werde.« Die Frage zielte aber in die Richtung, ob sich der Teilnehmer Zeit genommen hat, sich aktiv um seine Veränderung zu kümmern. Das könnte bedeuten, sich nochmal intensiv mit Zeitmanagementtechniken zu befassen oder sich selbst dahingehend zu reflektieren, wie gut er jeden Tag die gelernten Techniken anwendet usw. Wenn es zu diesem Missverständnis kommt, ist es wichtig, dass Sie nochmal klarmachen, dass es hier um »Lern-, Übungs- bzw. Reflexionszeit« geht, die sich der Teilnehmer bewusst reserviert, um mit seinen Lernzielen voranzukommen.

»Das bringt mir nichts!«

Manchmal zündet es nicht

Manche Teilnehmer sagen, dass sie für sich keinen Mehrwert in der Transferstärke-Methode erkennen. Das kann einmal daran liegen, dass sie in ihrem Transferstärke-Profil keine neuen Erkenntnisse wahrnehmen. Entweder weil alles auf »Grün« ist, sprich, keine Transferbarrieren erkennbar sind. Oder weil sie im Grunde genommen verstandesmäßig schon wissen, wo sie ansetzen müssten. So kommt es zu Äußerungen wie: »Im Report steht nichts Neues drin – das kenn ich schon alles.« Andere Teilnehmer tun sich schwer, die einzelnen Transferstärke-Tipps bewusst als eigene Lern- und Steuerungsebene zu nutzen. Sie bleiben gedanklich bei der Umsetzung von inhaltlichen Lernthemen hängen und sprechen dann auch im Follow-up darüber, was sie aus ihrer Sicht im Hinblick auf ihr Lernziel umsetzen. Die Betrachtung der Ebene Transferstärke erscheint ihnen dabei entweder überflüssig, oder aber sie verstehen den Unterschied nicht zwischen dem konkreten Lernziel und den Methoden bzw. Techniken, die sie dabei unterstützen sollen, das Lernziel zu erreichen. Versuche, ihnen den Unterschied begreiflich zu machen, scheitern.

Das zweite Follow-up-Gespräch

Weiteres Feintuning

Insgesamt gibt es in der Systematik der Transferstärke-Methode zwei Follow-up-Gespräche. Das zweite Gespräch dieser Art findet in der Regel vier Wochen nach dem ersten Follow-up-Gespräch statt und ist vom Ablauf und von den Inhalten ähnlich wie das erste. In den meisten Fällen ist das Denken im Sinne der Transferstärke-Tipps noch ein Stück vertrauter geworden. Auch das Lernziel hat sich positiv weiterentwickelt. Als neuer Punkt kommt bei diesem Gespräch lediglich hinzu, dass Sie Ihren Teilnehmer am Schluss fragen, wie gut er sich für die selbstständige Weiterarbeit ohne Sie gerüstet fühlt und was er nun am Ende als zentrale Erkenntnisse aus der Arbeit mit den Transferstärke-Tipps für sich mitnimmt.

Versuchen Sie insgesamt einen runden Abschluss hinzubekommen. Sollte Ihr Teilnehmer sich nicht gut gerüstet fühlen, besprechen Sie mit ihm, wo genau noch Unsicherheiten bestehen und was eine gute Lösung für das weitere Vorgehen ist.

Praxisbeispiele: Einsatzmöglichkeiten

↗ 06

Nachdem Sie nun die Transferstärke-Methode in ihrer Reinform kennengelernt haben, stelle ich Ihnen weitere Möglichkeiten für den praktischen Einsatz vor. Ich möchte Ihnen damit zeigen, dass es je nach Kundenbedarf und Trainingsprojekt auch Variationsmöglichkeiten gibt. Sie haben also eine gewisse Flexibilität, wie Sie selbst die Methode anwenden können. Besonders möchte ich Sie auf die Variante des Transferstärke-Coachings hinweisen. Sie ist ein Format, das nach meinen bisherigen Eindrücken das Potenzial hat, rund 30 Prozent von Soft-Skills-Trainings zu ersetzen. Außerdem stellt sie vor allem bei Einzelcoachings rund um Soft-Skills-Themen vielfach die bessere Alternative zum herkömmlichen Coaching dar. Doch zunächst starten wir damit, wie Sie über Ihre Trainingsgruppe noch einen besseren Überblick bekommen, indem Sie ein Transferstärke-Gruppenprofil erstellen.

Arbeit mit Gruppenprofilen

Transferstarkes Trainingsdesign

Bei der Arbeit mit dem Transferstärke-Profil lag bisher der Fokus auf dem einzelnen Teilnehmer. Die einzelnen Ergebnisse können Sie nutzen und sie zu einem Gruppenprofil zusammenstellen. Dann ergibt sich ein ganz anderer Blick auf Ihren Teilnehmerkreis. Sie sehen Muster von Transferbarrieren, die für die Gesamtgruppe zu beachten sind. Das ist ein großer Vorteil im Sinne einer proaktiven Transfersicherung. Denn anders als bisher haben Sie aufgrund der nun vorliegenden Daten bestimmte Risikofelder für den Transfer klar vor Augen. Das erlaubt Ihnen, Ihr Trainingsdesign genau darauf abzustimmen, um diese Barrieren abzumildern oder im besten Fall ganz zu eliminieren.

Ich veranschauliche Ihnen diesen Gedanken an einem Beispiel. Das folgende Schaubild zeigt Ihnen eine Trainingsgruppe im Überblick. Es ist in einer Exceldatei angelegt. Die farbige Vorlage dafür finden Sie im Downloadbereich zu diesem Buch. So können Sie leicht selbst Gruppenprofile erstellen.

Beispiel Gruppenprofil

Name Teilnehmer	Teilnehmer A	Teilnehmer B	Teilnehmer C	Teilnehmer D	Teilnehmer E	Teilnehmer F	Teilnehmer G	Teilnehmer H	Teilnehmer I	Teilnehmer J	Teilnehmer K	Teilnehmer L	Teilnehmer M	Teilnehmer N	Teilnehmer O	Teilnehmer P
Transferstärke (gesamt)	47	50	50	51	53	57	60	63	66	67	69	70	70	72	79	90
Unterstützendes Umfeld (gesamt)	44	38	56	42	31	47	58	58	31	60	76	49	58	53	62	64
1 Offenheit für Fortbildungsimpulse	55	30	75	60	65	45	65	85	75	75	85	75	85	80	85	100
1.1 Skepsis bei Übungen	N	J	J	J	J	J	N	J	N	J	N	N	N	N	N	N
1.2 Skepsis bei Tipps wider eigener Erfahrung	J	J	N	N	J	J	J	N	N	N	N	J	N	N	J	N
1.3 Meiste Fortbildungsinhalte nicht brauchbar	J	J	J	J	N	J	N	N	N	N	N	N	N	N	N	N
1.4 Tipps nicht gut auf sich übertragen können	J	J	N	N	J	N	J	N	J	N	N	N	N	N	N	N
2 Selbstverantwortung für den Umsetzungserfolg	44	58	52	62	54	72	62	72	74	68	82	72	60	78	82	82
2.1 Nicht gut darin, sich selbst etwas beizubringen	J	J	J	J	J	J	N	J	N	J	N	N	J	N	N	N
2.2 Keine konkrete Umsetzungsplanung	J	N	J	J	J	N	J	J	N	J	N	J	J	N	N	N
2.3 Keine Übung, Anwendung, Vertiefung	J	J	J	J	J	J	J	J	J	N	N	J	J	N	N	N
2.4 Keine Hilfe holen, wenn es nicht klappt	J	J	J	J	J	N	J	N	N	J	J	N	J	J	J	J
3 Rückfallmanagement im Arbeitsalltag	25	30	20	30	25	35	40	30	30	55	45	45	50	50	60	85
3.1 Umsetzung nicht priorisiert	J	J	J	J	J	J	J	J	J	J	J	J	J	J	J	N
3.2 Zeitaufwand falsch eingeschätzt	J	N	J	J	J	J	J	J	J	J	N	J	J	J	N	N
3.3 Rückfälle passieren unter Stress, Zeitdruck	J	J	J	J	J	J	J	J	J	N	J	J	J	J	J	N
4 Positives Selbstgespräch bei Rückschlägen	64	64	52	40	64	52	68	52	72	68	48	80	92	72	84	100
4.1 Rückschläge entmutigen	J	J	J	J	J	J	J	J	J	J	J	N	N	J	N	N
4.2 Nur Blick auf das, was nicht klappt	N	J	N	J	J	J	N	J	N	J	N	N	N	N	N	N
4.3 Falsche Erwartungen an Veränderungseffekte	J	J	J	J	N	J	N	J	J	N	N	J	N	N	N	N
5 Interessierter Chef	40	40	67	40	0	20	20	40	20	53	40	20	0	60	47	0
5.1 Fragt nicht nach Umsetzungsvorsätzen	J	J	N	J	J	J	J	J	J	N	J	J	J	N	J	J
5.2 Fragt nicht nach Effekten einer Fortbildung	J	J	N	J	J	J	J	J	J	J	J	J	J	N	J	J
5.3 Gibt von sich aus kein Feedback	J	J	J	J	J	J	J	J	J	J	J	J	J	J	J	J
6 Motivierende Teamkultur	45	55	50	45	60	85	75	80	35	80	95	65	90	60	80	100
6.1 Klima motiviert nicht für neue Wege	J	J	J	J	J	N	N	N	J	N	N	J	N	N	N	N
6.2 Keine Unterstützung bei Lernbemühungen	J	J	J	J	J	N	N	N	J	N	N	N	N	N	N	N
6.3 Abwehr und Unverständnis von Kollegen	J	J	J	J	N	N	J	N	J	N	N	J	N	J	N	N
7 Zeit für Neues	50	0	50	40	20	10	80	40	40	30	90	60	80	30	50	90
7.1 Keine Zeit für Neues	J	J	J	J	J	J	N	J	J	J	N	J	N	J	J	N
7.2 Nicht frei in der Zeiteinteilung	N	J	N	N	J	J	N	N	N	J	N	N	N	J	N	N
7.3 Keine Zeit für Übung	J	J	J	J	J	J	N	J	J	J	N	N	N	J	J	N

Erläuterungenn

[ ] keine Angabe zu Chef oder Team

Faktoren

- 80 Prozent und mehr
- über 50 und weniger als 80 Prozent
- 50 Prozent und weniger RISIKO

Faktoren

- J Handlungsempfehlung liegt vor
- N Handlungsempfehlung nicht notwendig

Abbildung 18: Transferstärke-Gruppenprofil einer Trainingsgruppe

Im Folgenden erläutere ich Ihnen den Aufbau des Gruppenprofils und was Sie daraus ablesen können. In der Spalte ganz links lesen Sie zuerst die Begriffe »Transferstärke« und »Unterstützendes Umfeld«. Die dazugehörigen Prozentwerte ermitteln Sie, indem Sie für jeden Teilnehmer die Prozentwerte der vier Faktoren der Transferstärke bzw. die Prozentwerte der drei Faktoren des unterstützenden Umfelds addieren und dann den Mittelwert berechnen. Danach folgen die einzelnen dazugehörigen Faktoren. Dazu ist unter jedem Faktor in Schlagworten widergegeben, welche Transferrisiken hierzu existieren könnten. In den Spalten daneben sind für jeden Teilnehmer der Trainingsgruppe die Ergebnisse aus der Transferstärke-Analyse notiert (vgl. Kapitel 3). Die Prozentwerte von 80 Prozent und mehr sind in der Farbe Grün unterlegt. Werte über 50 und weniger als 80 Prozent sind in Gelb. Werte von 50 Prozent in Rot. Durch die Farbgebung sehen Sie schnell die besonderen Risikofelder. Wenn ein »J« für »Ja« in der Zeile angezeigt ist, bedeutet dies, dass der Teilnehmer den kritischen Wert von 80 Prozent oder weniger erreicht hat. Er erhält deshalb einen Handlungstipp in seinem persönlichen Aktionsplan, um seinen Lerntransfer sicherzustellen. Kurzum: Die Ergebnisse aus den Transferstärke-Analysen der Teilnehmer sind hier zusammengefasst übertragen und plakativ im Überblick dargestellt.

Ampelprinzip schafft schnell Überblick

Beispiel

Teilnehmer A hat insgesamt einen Wert für Offenheit von 55 Prozent. Dieser Wert grenzt schon an den kritischen Bereich an, der ab 50 Prozent beginnt. Gründe dafür sind die Aspekte »Skepsis bei Tipps wider eigener Erfahrung«, »Meiste Fortbildungsinhalte nicht brauchbar« und »Tipps nicht gut auf sich übertragen können«. Deshalb steht in diesen Zeilen auch ein »J«, weil er in seinem Aktionsplan Handlungsempfehlungen hat, wie er mit diesen Risiken für den Lerntransfer am besten umgehen sollte.

Drei Risikofelder

Wenn Sie nun das Gruppenprofil als Gesamtes betrachten, können Sie sehen, dass fast alle Teilnehmer beim Faktor »Rückfallmanagement im Arbeitsalltag« im roten oder fast roten Bereich liegen. Gleichzeitig geben etwa zwei Drittel von ihnen an, »keine Zeit für Neues und Übung« zu haben. Hinzu kommt, dass sich bei fast allen Teilnehmern der Chef nicht um die Umsetzung der Fortbildungsinhalte kümmert.

Diese Konstellation lässt schon vor der Trainingsmaßnahme klar die Vorhersage zu, dass das Training erfolglos sein wird, wenn keine gezielten Maßnahmen ergriffen werden, damit der Transfer funktioniert. Um hier aktiv zu werden, gibt es zwei Ansatzpunkte. Den einen kennen Sie bereits. Nämlich die Anwendung der Transferstärke-Methode auf den einzelnen Teilnehmer. Der andere zielt stärker auf die Ebene des Trainingsdesigns ab. Das bedeutet, Sie bauen angesichts der erkannten Risikofelder für alle Teilnehmer spezielle Maßnahmen in das Training ein, die den Lerntransfer fördern. Auf das Beispiel bezogen heißt das: Wenn die Teilnehmer stark gefährdet sind, nach dem Training im Arbeitsalltag wieder alles wie gehabt zu machen, ist z. B. eine Transferaufgabe nützlich, die sie im positiven Sinne zwingt, ein neues Verhalten anzuwenden. Ich möchte dies kurz am Beispiel des bereits erwähnten Peters skizzieren. Seine Transferaufgabe sieht so aus, dass er zwei- bis dreimal die Woche bewusst eine Aufgabe an einen Mitarbeiter delegiert und dabei das Gelernte aus dem Training anwendet. Transferaufgaben haben den Vorteil, dass sich damit die Vorgesetzten ebenfalls gut einbinden lassen. Die beste Lösung ist in einem solchen Fall, dass die Chefs mit ihren Mitarbeitern eine passende Transferaufgabe definieren und zudem einen Zyklus vereinbaren, in dem sie über den Umsetzungserfolg sprechen. Das Thema Zeitnot wird dadurch aufgefangen, dass der Vorgesetzte mit seinem Mitarbeiter außerdem bespricht, wie die Transferaufgabe zeitlich im Arbeitsalltag machbar ist.

Beispiel Transferaufgabe

Als erfahrener Trainer ist die Idee der Transferaufgabe sicherlich erst einmal nichts Neues für Sie. Neu ist in diesem Zusammenhang aber, dass Sie aufgrund klarer Zahlen, Daten und Fakten begründen können, dass eine solche Transferförderungsmaßnahme zwingend benötigt wird. Wenn Sie also mit Ihrem Auftraggeber im Unternehmen über ein Trainingsprojekt sprechen, geht es folglich nicht nur um die klassische Bildungsbedarfsanalyse und die daraus abzuleitenden Lerninhalte. Sondern parallel dazu ist die Transferstärke-Analyse genauso wichtig, um darauf aufbauend ein passendes transferstarkes Trainingsdesign zu entwickeln. Indem Sie sich die konkreten Analysedaten anschauen, fällt es Ihnen sicher viel leichter, die richtige Methodenauswahl zur Lerntransferförderung zu treffen. Bestimmt haben Sie einige passende Lieblingsmethoden im Repertoire. Und falls Sie nach weiteren Anregungen suchen, gibt es dazu zum Beispiel Bücher von Ralf Besser, Marit Alke, Evelyne Keller oder Bettina Ritter-Mamczek und Andrea Lederer sowie von Barbara Messer. Diese Autoren und auch noch andere Verweise finden Sie am Ende des Buches in der Literaturübersicht.

Faktenorientiert anstatt aus dem Bauch heraus

Das führt mich zu einer kleinen Testfrage: Was halten Sie davon, bei der Teilnehmergruppe, die im oben genannten Gruppenprofil abgebildet ist, das sehr beliebte Lerntransfer-Tool »Brief an sich selbst« einzusetzen? Dabei schreiben die Teilnehmer am Ende eines Trainings einen Brief an sich selbst. In dem Brief steht, was sie in den nächsten Wochen von dem Gelernten in der Praxis umsetzen wollen. Der Brief kommt in ein Kuvert, wird verschlossen, und der Trainer schickt ihn nach etwa vier bis sechs Wochen per Post an die Teilnehmer.

Gern genommen: Der Brief an sich selbst

Und so kommt es, dass der Teilnehmer an einem schönen Tag seinen Briefkasten öffnet und sich wundert, wer ihm da schreibt. Zur Erinnerung: Es ist derjenige, der kein gutes Rückfallmanagement hat, keine Zeit für Neues und Lernen und einen Chef, der auf die Umsetzung kein Auge hat. Meines Erachtens ist die Briefaktion in diesem Fall das Porto nicht wert. Aus der Idee mit dem Brief lässt sich aber durchaus mehr machen. Wenn sich nämlich im Gruppenprofil unter dem Faktor »Selbstverantwortung für den Umsetzungserfolg« zeigt, dass sich die Mehrheit der Teilnehmer keine Hilfe holt, wenn es mit der Umsetzung nicht klappt, heißt der Tipp »Lernpartner einbinden«.

So lässt sich mehr daraus machen

Vor diesem Hintergrund könnte die Transferförderungsmaßnahme darin bestehen, dass sich je zwei Teilnehmer zusammentun und sich gegenseitig beim Transfer unterstützen. Jeder schreibt dem anderen innerhalb der nächsten drei Monate jeden Monat einen Brief (oder eine E-Mail), in dem er über seine eigenen Umsetzungserfolge berichtet und den Partner zugleich an seine Umsetzung erinnert. Unklar ist nur, an welchem Tag der Brief genau kommt. Damit gibt es auch ein Überraschungsmoment, das die ganze Aktion interessanter macht.

Variationen zum Standardprozess

Bisher kennen Sie den Standardprozess der Transferstärke-Methode. Zur Erinnerung zeige ich Ihnen diesen nochmals in der nachfolgenden Abbildung.

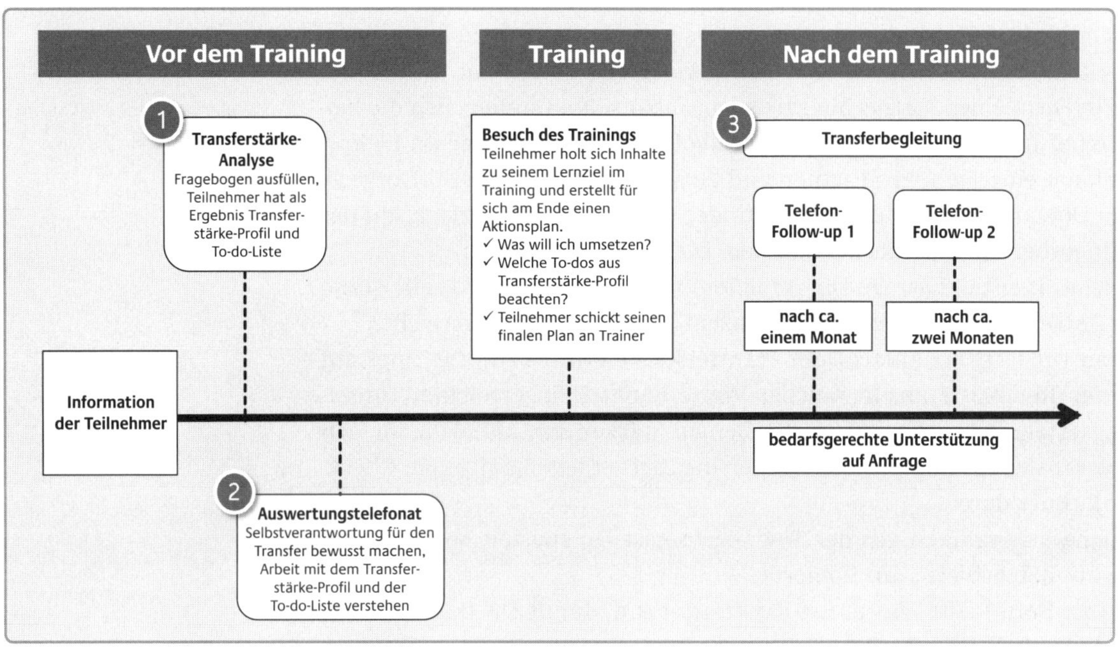

Abbildung 19: Standardprozess der Transferstärke-Methode

Vielfältiger Trainingsbedarf

Beim Einsatz in der Praxis hat sich jedoch gezeigt, dass diese Lösung aufgrund des vielfältigen Trainingsbedarfs nicht immer gut passt. Es braucht bisweilen Modifikationen. Welche es gibt und was die damit verbundenen Vor- und Nachteile sind, stelle ich Ihnen nun näher vor.

Einsatz in Intervalltrainings bzw. in Programmen: Gerade Führungs- und Verkaufstrainings bestehen in den meisten Fällen aus mehreren aufeinander aufbauenden Modulen. Allein das ist schon eine wichtige Komponente zur Förderung des Lerntransfers. Vermutlich haben Sie bereits ebenfalls die Erfahrung gemacht, dass die Teilnehmer bei Folgemodulen zu Beginn berichten, dass sie nur wenig des Gelernten aus dem ersten Modul umgesetzt haben. Die Transferstärke-Methode lässt sich an dieser Stelle so einbauen, dass Sie vor Beginn des Programms das Auswertungsgespräch mit jedem einzelnen Teilnehmer führen, dann aber die Telefon-Follow-ups weglassen. Stattdessen integrieren Sie diese Follow-ups in die Folgemodule. Das sieht dann zum Beispiel so aus, dass Sie zu Beginn eines Folgemoduls die Teilnehmer bitten, zu zweit zusammenzugehen. Die Aufgabe besteht darin, den

Stand der eigenen Umsetzung zu reflektieren und außerdem zu betrachten, welche Rolle dabei das eigene Transferstärke-Profil gespielt hat. Das ist am besten in Form eines Partnerinterviews machbar. Dabei stellen sich die beiden Partner im Wechsel die Leitfragen, die Sie sonst als Trainer im Follow-up-Telefonat einsetzen. Pro Partner sind 20 Minuten Reflexionszeit vorgesehen. Im Downloadbereich des Buches finden Sie hierzu eine Vorlage, auf der die Teilnehmer Notizen machen können. Die Leitfragen lauten:

Partnerinterview zum Stand der Umsetzung

- Welches Lernziel hast Du Dir vorgenommen? Wie ist der aktuelle Stand bei Deinem Lernziel? Zu wie viel Prozent hast Du es schon erreicht?
- Schau Dir jetzt nochmals Dein Transferstärke-Profil bzw. die Tipps auf Deiner To-do-Liste an. In welcher Weise hängt Dein erreichter Umsetzungserfolg (bzw. Misserfolg) mit Deinen Stärken bzw. Risiken für den Lerntransfer zusammen? Dazu gehen die Partner jeden einzelnen Checkpunkt kurz durch.
- Welche Maßnahmen aus der To-do-Liste hast Du speziell beachtet und wie gut haben diese funktioniert?
- Was ist Dein Fazit: Was musst Du künftig tun, damit Du Dein Lernziel mit Sicherheit erreichst?
- Welche offenen Fragen hast Du?

Die Teilnehmer notieren zu jeder Frage auf einer separaten Moderationskarte die wichtigsten Erkenntnisse in Stichpunkten. Die Kärtchen heften sie später an eine vorbereitete Pinnwand, die den Titel trägt »Mit Sicherheit zum Umsetzungserfolg«.

Paare stellen Fazits im Plenum vor

Als Trainer gehen Sie von Paar zu Paar, gewinnen Ihre Eindrücke und/oder unterstützen bei offenen Fragen. Am Ende der Zweierarbeit berichten die Paare über die wichtigsten Erkenntnisse im Plenum. Dazu stellt ein Partner den anderen kurz vor und hängt dabei die vorher geschriebenen Kärtchen an die Pinnwand. Der Sinn dieses Vorgehens liegt darin, dass der Teilnehmer das Gehörte auf diese Weise nochmals für sich Revue passieren lassen kann. Außerdem mag es für den einen oder anderen angenehm sein, dass er nicht über sich selbst reden muss.

Als Trainer haben Sie im Rahmen dieser Kurzdarstellung die Möglichkeit, die eine oder andere Nachfrage zu stellen bzw. weiterführende Impulse zu geben. Außerdem bekommen Sie einen ganz guten Eindruck, wo die Gruppe steht und wie sich jeder einzelne Teilnehmer für den Lerntransfer einsetzt. Insgesamt dauert diese Einheit je nach Gruppengröße etwa 60 Minuten.

Der Vorteil dieser Variante besteht klar darin, dass sie zeitsparend ist, weil Sie die Transferstärke-Methode in die ohnehin bestehenden Module integrieren. Sie können außerdem die Arbeit mit den Transferstärke-Tipps wie einen roten Faden durch das Programm laufen lassen und haben gegebenenfalls sogar noch mehr Kontaktpunkte als nur die zwei üblichen Follow-ups. Sie merken zudem sehr gut, wie die Teilnehmer ihre Umsetzungsverantwortung wahrnehmen. Wenn Sie den Eindruck erhalten, dass der nötige Wille fehlt und die Arbeit mit den Tipps gar nicht bis halbherzig erfolgt, besteht in der Regel auch die Möglichkeit, sich dazu mit dem jeweiligen Teilnehmer unter vier Augen zu unterhalten. Der Nachteil dieser Variante ist dagegen, dass Sie dabei einfach nicht mehr so dicht an den Teilnehmer herankommen. Die Einzelkontakte haben mehr Tiefe. Sie können besser dazu beitragen, dass Ihr Teilnehmer die Anwendung der Transferstärke-Tipps verinnerlicht. Denn Sie bekommen einfach besser mit, wo der Einzelne steht und was er noch braucht, damit er seinen Transfer optimal gestaltet.

Mehr Zeit für Transferförderung

Weniger Zeit für das Training in der Gruppe: Stets geht es bei Trainingsprozessen darum, dass sie wenig Zeit kosten und viel Effekt bringen sollen. Genau diese Sichtweise kann bisweilen zu einem Konflikt führen, wenn Sie Ihrem Auftraggeber vorschlagen, die Transferstärke-Methode einzubauen. Denn deren Einsatz kostet augenscheinlich zusätzliche Zeit und damit auch Geld. Dieses Dilemma lässt sich lösen, indem Sie die zur Verfügung stehende Trainingszeit zu einem Thema X in Summe möglichst wenig antasten, aber diese Zeit anders verteilen, um den Transfer zu fördern.

Bleiben wir beim Beispiel von Peter und dem Seminar »Gestern Kollege, morgen Vorgesetzter«. Die zur Verfügung stehende Trainingszeit beträgt zwei Tage. Anstatt nun diese zwei Tage mit Inhalten zu füllen, reduzieren Sie die Trainingszeit in der Gruppe auf einen Tag. So ist bereits einige Zeit für die Anwendung der Transferstärke-Methode gewonnen. Diese nutzen sie grundsätzlich in der beschriebenen Weise. Sie führen also mit jedem Teilnehmer ein Auswertungsgespräch, in dem Sie die Ergebnisse der Transferstärke-Analyse besprechen. Darüber hinaus erkunden Sie den speziellen Trainingsbedarf des Teilnehmers. Die Leitfrage dabei ist, was für ihn sein erfolgskritisches Lernthema ist. Erfolgskritisch meint, dass die Arbeit an diesem Thema für den Teilnehmer quasi überlebenswichtig ist. Durch den Fokus auf ein solches Thema wird zum einen klar, ob der Teilnehmer etwas hat, woran er arbeiten will. Zum anderen schaffen Sie damit die Voraussetzungen zung, dass er sich sehr wahrscheinlich für die Umsetzung der Lerninhalte aus dem Training einsetzen wird. Gerade bei Nachwuchsführungskräften kommt dann häufig das Thema auf, dass sie in den ganzen Aufgaben und Anforderungen versinken und lernen müssen, wie sie sich in der Führungsrolle am besten neu organisieren.

Ein erfolgskritisches Lernziel reicht aus

Erinnern Sie sich zurück an meine früheren Worte im Zusammenhang mit dem Thema Rückfallmanagement: Ein Teilnehmer hat genug mit einem einzigen Lernthema zu tun. Das Ziel der Transferstärke-Methode besteht genau darin, einen Teilnehmer in seinem erfolgskritischen Thema einen Schritt nach vorn zu bringen. Sprich: Es geht um Reduktion und Fokussierung. Nach Abschluss aller Auswertungsgespräche haben Sie einen guten Überblick, was jeder Teilnehmer wirklich benötigt, und können darauf die Inhalte und Methoden für den einen Trainingstag abstimmen. Im Anschluss an diesen Tag folgen standardmäßig die Follow-up-Telefonate.

Direkte und indirekte Kosten sparen

Der Vorteil ist nun außerdem, dass der Teilnehmer diese Telefonate – genauso wie das Auswertungsgespräch – am Arbeitsplatz machen kann. Sonst würde er einen weiteren ganzen Tag im Seminarraum verbringen. Kurzum: Pro Teilnehmer wird somit mehr als ein halber Tag indirekte Kosten für Abwesenheit am Arbeitsplatz gespart. Lediglich für die Transferstärke-Gespräche braucht es zwei bis drei Stunden als Lernzeit. Für den Fall, dass ein Seminar in einem Hotel stattfindet, reduzieren sich zudem Raum- und Verpflegungskosten für einen Tag. Als Trainer merken Sie bei dieser Variante, wie die Teilnehmer tatsächlich in ihren Entwicklungsthemen vorankommen. Und das wird zum Teil Millimeterarbeit sein, gerade wenn es darum geht, dass Ihre Teilnehmer eigene Verhaltensmuster im Umgang mit Aufgabenmenge und Zeit neu ausrichten müssen.

Als Trainer wollen Sie gern viel mitgeben

Allerdings mag diese Reduktion der Lehrinhalte für Sie als Trainer vielleicht ein bisschen unbefriedigend sein, da Sie Ihren Teilnehmern möglichst viel mitgeben möchten. Sie wissen, was die Teilnehmer eigentlich noch alles für ihre neue Führungsrolle lernen könnten. Doch all das müssen sie hintenanstellen, damit die Teilnehmer erst einmal den ersten Umsetzungsschritt gut hinbekommen. Und da wird die Crux in der Trainingspraxis deutlich sichtbar und gut erlebbar. Wir hoffen allesamt, dass die Teilnehmer aus zwei Tagen Training ganz viel mitnehmen. Deshalb bieten wir viel Stoff an den zwei Tagen an. Und die Teilnehmer sind durchaus beeindruckt. Doch was hilft es, wenn sie davon kaum etwas umsetzen? Transferförderung heißt Konfliktmanagement. Nämlich zu entscheiden, was für die Umsetzung Priorität hat: aufseiten des Auftraggebers, des Teilnehmers und aus Ihrer Sicht als Trainer. Denn: Weniger ist eben mehr.

Teamentwicklung: Ich erwähnte bereits die Idee, Transferstärke-Gruppenprofile zu erstellen. Diese sind nicht nur für Sie als Trainer hilfreich, um ein Training zu designen, sondern auch nützlich bei Trainingsformaten, die sich dem Thema Teamentwicklung widmen. Sei es als alleinige Veranstaltung oder als Modul im Rahmen eines Leadership-Programms. Die Indikation für den Einsatz von Gruppenprofilen ist besonders dann gegeben, wenn es darum geht, als Team Veränderungen besser und gezielter umzusetzen.

Transparenz zu Transferstärke im Team

Das Gruppenprofil öffnet den Blick dafür, dass die Kollegen im Team in bestimmten Bereichen ähnliche Risiken für die Umsetzung von Veränderungsthemen haben und sich daher dazu stärken können. Genauso wird sichtbar, wer sich gut bei Veränderung steuern kann. Daran lässt sich die Frage anknüpfen, was die anderen Teammitglieder von diesem transferstarken Kollegen lernen können. Außerdem gibt die Arbeit mit dem Gruppenprofil auch Erklärungsmöglichkeiten an die Hand, warum es zu Konflikten zwischen Teammitgliedern im Rahmen von Veränderungszielen kommt oder kommen kann. Eine solche Dynamik entsteht nämlich häufig zwischen Kollegen, die überdurchschnittlich transferstark sind im Vergleich zu denen, die eher transferschwach sind. Die Transferstarken sind gedanklich und im Handeln schnell bei der Umsetzung, treten dabei meist recht energievoll in Erscheinung, während Transferschwache sich eher schwertun und passiv wirken. Das Ziel ist nun – wie bei anderen Verfahren auch – solche Teamdynamiken sichtbar zu machen, um Bewusstheit und Verständnis für die Unterschiedlichkeit im Team zu schaffen. Darauf aufbauend gilt es konstruktiv Wege zu finden, wie das Team mit diesen Erkenntnissen am besten umgeht. Um die Einzelprofile in einem solchen Gruppenprofil namentlich zu zeigen, braucht es natürlich das entsprechende Vertrauen und die Bereitschaft im Team.

Ist die Transferstärke gestärkt?

Wiederholungsmessung: Im Rahmen der Entwicklung der Transferstärke-Methode hat sich gezeigt, dass sich durch diese Systematik die Transferstärke signifikant verbessern lässt. Um eine solche Entwicklung aufzuzeigen, bietet sich daher als Variante an, vier Wochen nach dem zweiten Follow-up eine Transferstärke-Wiederholungsmessung vorzunehmen. Dazu beantwortet der Teilnehmer die Fragen des QuickChecks erneut. Der Teilnehmer weiß von

Beginn an, dass es nach drei Monaten quasi ein drittes Follow-up gibt, das darin besteht, diese Fragen ein weiteres Mal zu beantworten, das Profil erneut auszufüllen und Ihnen als Trainer zu schicken. Bewährt hat sich in diesem Zusammenhang auch, ein weiteres kurzes Gespräch mit dem Teilnehmer zu führen, um über die Ergebnisse des Vor- und Nachtests zu sprechen.

Wiederholungstest nach vier bis sechs Monaten

Eine gute Variante ist dabei, die Wiederholungsmessung mit Reflexionsgespräch zeitlich nach hinten zu verlagern, z. B. nach vier bis sechs Monaten. Denn mit diesem zeitlichen Abstand ist der Impuls, sich mit der eigenen Transferstärke zu befassen, um ein Vielfaches stärker. Außerdem besteht so noch ein weiterer Anknüpfungspunkt, um zu besprechen, inwiefern die Umsetzung der Lernziele nachhaltig erfolgt ist und was noch getan werden kann.

Der Vorteil dieser Variante ist, Verbesserungen messbar und damit sichtbar zu machen. Für die Teilnehmer bedeutet dies einerseits ein Erfolgserlebnis. Andererseits kann es sein, dass noch einmal ganz deutlich bewusst wird, wo Transferrisiken weiterbestehen. Gerade Teilnehmer, die sich an Zahlen, Daten und Fakten orientieren, mögen solche Wiederholungsmessungen, weil sie gern wissen wollen, wo sie stehen. Sie sehen die gewonnenen Erkenntnisse als Ansporn, weiter an sich zu arbeiten. Besonders bei anspruchsvollen Lernzielen stellt das dritte Follow-up einen wertvollen Impuls dar, um im Lernthema selbst weiter voranzukommen.

Risiko des Testlernens

Nachteile gibt es allerdings auch. Wiederholungstests haben stets das Risiko des sogenannten Testlernens. Sprich, der Teilnehmer weiß, worauf es ankommt. Dementsprechend können seine Antworten auf die Fragen positiver ausfallen. Damit ergeben sich aber leicht verfälschte Antworten. Bessere Testergebnisse können auch zustande kommen, weil der Teilnehmer denkt, er müsse jetzt besser geworden sein. Immerhin hat er an sich gearbeitet. Hier kann obendrein eine soziale Erwünschtheit mit hineinspielen. Um diese Verfälschungstendenzen abzumildern, ist es wichtig, im begleitenden Gespräch noch einmal genauer an Beispielen herauszuarbeiten, was sich wirklich beim Teilnehmer geändert hat. Genauso ist immer eine Option, dass der Teilnehmer die Meinung von Dritten hinzuzieht, die ihn gut kennen, um Klarheit darüber zu bekommen, in welchen Punkten er tatsächlich transferstärker geworden ist. Tatsächlich gibt es auch wenige Fälle, wo Teilnehmer schlechtere Werte als im Vortest haben. Ein zentraler Grund dafür kann sein, dass sich die Teilnehmer selbst besser kennengelernt haben und sich nun selbstkritischer einschätzen.

Verkürzte Varianten: Bisweilen gibt es die Anforderung aus Firmen, ob sich die Transferstärke-Methode zeitlich schlanker und mit weniger personellem Aufwand gestalten lässt. Ich habe dieses Bedürfnis ernstgenommen und verschiedene Studienreihen durchgeführt, um herauszufinden, wie viele und welche Elemente der Transferstärke-Methode sich eliminieren lassen. Eines hat sich dabei sehr klar herauskristallisiert. Es reicht nicht aus, dass die Teilnehmer den QuickCheck machen und ihre To-do-Liste bekommen. Denn leider arbeiten sie damit nicht selbstständig weiter. Am ehesten tun dies Teilnehmer, die in ihrer Transferstärke schon ganz gut aufgestellt sind. In diesem Zusammenhang hat sich ebenfalls nicht bewährt, den Teilnehmern ein Erklärvideo zur Verfügung zu stellen, das ihnen dabei hilft, mit ihrem Profil und den Transferstärke-Tipps allein zu arbeiten. Inwiefern hier vielleicht eine App-Lösung funktioniert, kann ich aktuell noch nicht sagen. Es gibt bereits Systeme am Markt, die die Teilnehmer begleiten. Meistens geht es darum, sich im System selbst Lernziele zu definieren und durch Reminder daran erinnern zu lassen, an diesen Vorsätzen dranzubleiben. Doch einen richtig durchschlagenden Erfolg habe ich hierzu noch nicht wahrgenommen. Zumindest sind diese Lösungen im Augenblick noch nicht sehr verbreitet bzw. die Anbieter berichten, dass sie Mühe haben, diese Systeme in den Firmen zum Einsatz zu bringen. Zusammenfassend lässt sich nach meinen Studien festhalten, dass es bei der Transferstärke-Methode elementar ist, mit dem Trainer in Kontakt zu bleiben, damit die Teilnehmer aktiv mit dem Gelernten arbeiten.

Der Report allein bewegt nichts

Vor diesem Hintergrund möchte ich nun zwei verkürzte Varianten vorstellen.

Zwei Optionen

- Die bessere Option besteht darin, lediglich das zweite Follow-up wegzulassen. Das bedeutet: Sie führen ganz normal das Auswertungsgespräch mit einem Follow-up. So sind Sie mit Ihrem Teilnehmer in engem Kontakt und können sehr gut auf ihn eingehen. Was fehlt, ist das weitere Feintuning, die Vertiefung und die Stabilisierung, die sich durch das zweite Follow-up ergibt.
- Bei der anderen Option handelt es sich um einen Vortrag vor dem oder im Training, bei dem Sie allen Teilnehmern erläutern, wie diese mit ihrem Transferstärke-Profil am besten arbeiten können. Für diesen Part sollten Sie etwa zwei Stunden einrechnen. Grundsätzlich können die Teilnehmer zwar auch auf diesem Weg verstehen, wie sie mit ihrem Profil und den Transferstärke-Tipps arbeiten, aber Sie bekommen als Trainer nicht

mehr im Detail mit, wie jeder Einzelne dazu denkt. Je größer die Gruppe, umso weniger besteht die Chance, dass Sie gerade bei transferschwachen Teilnehmer die nötigen Denkprozesse auslösen, die zu einer wirksamen Arbeit mit dem Profil und den Transferstärke-Tipps gehören. Wichtig ist dann, dass es im Rahmen des Trainings weitere Einheiten gibt, in denen Sie wieder Bezug zum Profil herstellen. Sei es am Ende des Trainings, in dem es darum geht, sich Vorsätze für die Praxis zu erarbeiten oder bei Folgemodulen, so wie ich es bereits im Zusammenhang mit Intervalltrainings und Programmen beschrieben habe. Als Einmalaktion reicht es normalerweise nicht aus. Hier lässt sich die Grenze der Transferstärke-Methode erkennen.

Je größer die Gruppe, umso weniger erreichen Sie den Einzelnen

Bei eintägigen Trainings macht der Einsatz der verkürzten Varianten keinen wirklichen Sinn. Die Zeit fehlt, um den Gedanken der Transferstärke-Methode zu säen. Das ist auch plausibel. Denn wenn Sie einen transferschwachen Teilnehmer haben, dann wird dieser nicht plötzlich auf wundersame Weise durch eine Kurzintervention transferstark. Sich in seiner Transferstärke zu verbessern, ist eben genauso ein Lernprozess wie vieles andere auch.

Transferstärke-Coaching

Neuer Ansatz

Zu Beginn dieses Kapitels habe ich bereits auf das besondere Format des Transferstärke-Coachings hingewiesen. Damit verbindet sich ein völlig neuer Ansatz, das Thema Soft-Skills-Entwicklung zu betrachten. Darauf gekommen bin ich durch einen Kunden. Wir sprachen darüber, inwiefern die Transferstärke-Methode im Bereich Talentmanagement einsetzbar ist. Die Situation in seiner Firma ist, dass die Talente auf ganz klassische Weise Entwicklungspläne erhalten und auf dieser Basis bestimmte Seminare besuchen. Darüber hinaus gibt es ein Kontingent an Coaching-Zeit. In verschiedenen Gesprächen schälte sich nun die Erkenntnis heraus, die Transferstärke-Methode als Coaching – also ohne Trainingsbesuch einzusetzen, woraus sich die Bezeichnung Transferstärke-Coaching ableitet. Den Ablauf dazu zeigt Ihnen die folgende Grafik.

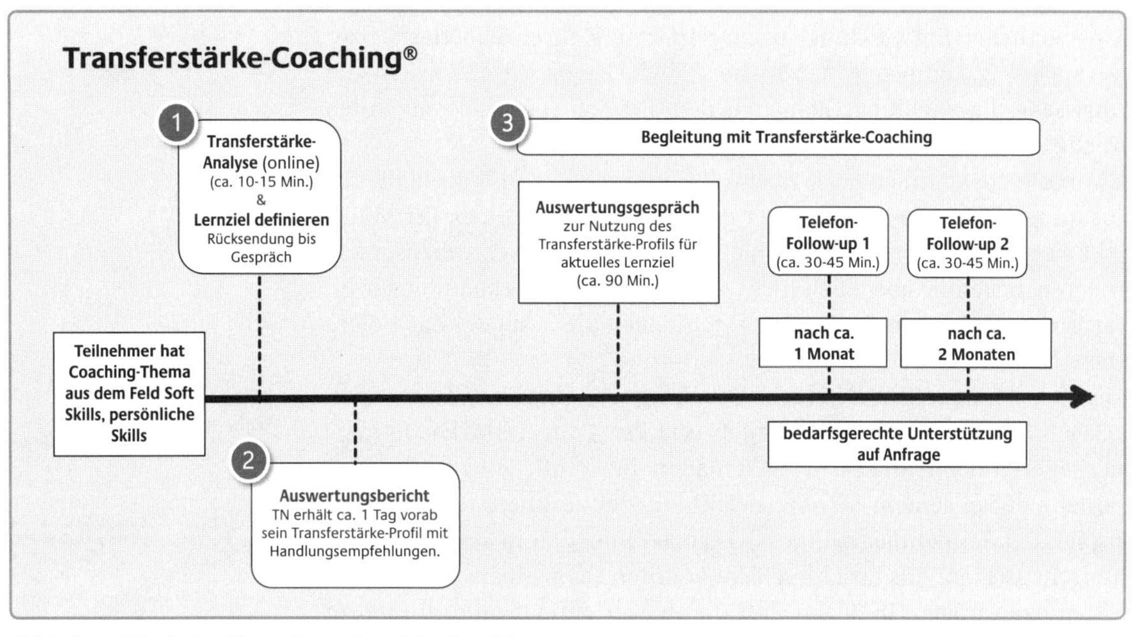

Abbildung 20: Ablauf beim Transferstärke-Coaching

30 Prozent Trainings einsparen

Was dem Kunden an diesem Ansatz so gefiel, war zum einen das schlanke Format und die Effizienz, die sich damit verband. Denn in Piloteinsätzen zeigte sich, dass dieser Ansatz zum einen in viel kürzerer Zeit als die herkömmlichen Coachings zu den gewünschten Veränderungseffekten führte. Zum anderen offenbarte sich dieses Vorgehen als gute Alternative zur bisherigen Praxis, einen Teilnehmer aufgrund eines Soft-Skills-Themas zu einem Training zu schicken. Nach momentanen Einschätzungen hat das Transferstärke-Coaching das Potenzial rund 30 Prozent von Soft-Skills-Trainings zu ersetzen. Darüber hinaus gefiel dem Kunden, dass dieses Coaching direkt am Arbeitsplatz per Telefon funktioniert. Kurzum: Als Kunde bekommt er beim Transferstärke-Coaching sehr viel mehr Nutzwert für seine Teilnehmer: schnellere Effekte, Stärkung der Transferstärke und Sensibilisierung der Nachwuchsführungskräfte für die Stellschrauben, worauf es bei gelungener Entwicklung ankommt. Bei einem selbst und folgerichtig auch bei Mitarbeitern.

Wann geeignet?

Trotz allem ist das Transferstärke-Coaching kein Allheilmittel. Daher habe ich für Sie zusammengefasst, unter welchen Bedingungen sich dieses Format anbietet. Besonders fühlen sich davon Teilnehmer angesprochen, die an persönlicher Entwicklung und Optimierung ihrer Selbstlern- bzw. Selbstveränderungskompetenz interessiert sind. Sie haben außerdem ein klar umrissenes Entwicklungsthema aus dem Bereich Soft Skills oder auch persönliche Skills, an dem sie arbeiten wollen.

Für Vorgesetzte kommen noch zwei weitere Aspekte zum Tragen, die für den Einsatz sprechen. Sie haben bisher den Eindruck gewonnen, ihr Mitarbeiter tut sich schwer, Lern- und Veränderungsziele praktisch umzusetzen. Zum anderen haben sie aber auch nicht die Zeit, ihren Mitarbeiter enger im Transferprozess zu begleiten. Manchmal fehlt auch die Lust oder das tiefere Know-how.

Know-how des Transferstärke-Coachs

Da es sich bei dem Transferstärke-Coaching um eine Verbindung zwischen Coaching bzw. Training-on-the-Job und der Transferstärke-Methode handelt, benötigt der Trainer bzw. Coach auch die fachliche Expertise, um den Teilnehmer bei seinem Lern-/Entwicklungsziel zu unterstützen. Dazu ein Beispiel: Der Teilnehmer bringt als Lernziel mit, sich in Teammeetings besser durchzusetzen. Aus Coaching-Sicht könnten Sie in einem solchen Fall nach Situationen fragen, in denen ihm dies besser gelingt, und ihn dahin lenken, davon mehr zu tun. Aus Trainingssicht stellen Sie im Gespräch fest, dass dem Teilnehmer schlicht und einfach spezielle Einwandtechniken fehlen, die er lernen müsste. Sie liefern also einen speziellen Input. Aus meiner Erfahrung lässt sich meist recht schnell herausarbeiten, was ein Teilnehmer als nächsten Schritt tun sollte, um bei seinem Lern- und Veränderungsziel weiterzukommen. Von daher konzentriert sich der größere Teil des Transferstärke-Coachings darauf, auch die Umsetzung zu schaffen und gut mit den Transferstärke-Tipps zu arbeiten, die Sie auf der Basis der anfänglichen Transferstärke-Analyse für Ihren Teilnehmer ermittelt haben.

Gedankenexperiment

Lassen Sie uns nun einmal für einen Moment den folgenden Gedanken vertiefen. Wie würde sich Ihr Trainingsalltag verändern, wenn tatsächlich die Firmen umschwenken und 30 Prozent der Trainings auf Transferstärke-Coaching umstellen. Zum einen würden Sie mehr in Trainingsprozessen als in Trainingstagen denken, zum anderen auch mehr Zeit zu Hause verbringen als mit dem Koffer in Seminarhotels. Sie müssten nicht mehr so viel reisen. Das gibt Ihnen Freiräume. Sie wissen, dass Sie mit Ihrer Arbeit mehr Effekte erreichen. Sie gehen mit dem Zeitgeist, wonach Lernen auf Vorrat zunehmend als überholt angesehen wird und es um effizientes Lernen am Arbeitsplatz geht. Schlussendlich würden Sie Ihr Geld einfach anders verdienen. Ungewohnt? Bestimmt. Aber es lohnt sich. Ich selbst habe in dieser Hinsicht meine Art zu arbeiten bereits verändert.

Wenn Sie wirklich Transfer und Veränderungserfolg realisieren wollen, sprechen Sie doch einmal mit Ihren Kunden, für wie viele Fälle das Transferstärke-Coaching das Richtige ist. Sie betreten da Neuland. Sie machen Pionierarbeit. Sie bringen aber zudem einen speziellen Kundennutzen mit, der neu ist. Denn diese Gedanken sind noch längst nicht zu Ende gedacht. Sind es 30 Prozent oder vielleicht noch mehr? Die Idee, um die es geht, ist recht einfach. Nehmen wir an, Sie haben 100 Teilnehmer und für 30 Teilnehmer ist Transferstärke-Coaching als Training on Demand am Arbeitsplatz der bessere Ansatz. Dann schaffen Sie für diese 30 Teilnehmer einen besonderen Mehrwert. Mehr Lerntransfer. Mehr Transferstärke. Zeitsparend.

Heben Sie das Potenzial

Denken Sie das Ganze einmal weiter.

Fazit: Fünf Gründe für die Transferstärke-Methode

↗ 07

Kehren wir nochmal zum Anfang dieses Buches zurück. Auf der einen Seite gibt es in den Firmen ein starkes Interesse, Fort- und Weiterbildungen wirkungsvoll zu gestalten und auch die Selbstverantwortung des Mitarbeiters für den Lern- und Umsetzungserfolg zu steigern. Auf der anderen Seite kommt von den Führungskräften zu wenig Rückhalt und Initiative, den Lerntransfer bei ihren Mitarbeitern zu steuern. Genauso fehlt es an Zeit und Ressourcen, aufwendige Lernprozesse im Arbeitsalltag zu realisieren. Die Transferstärke-Methode bietet einen neuen Ansatz, um diesen Spagat – Wirkung zu schaffen und zugleich Zeit zu sparen – zu meistern. Dafür braucht es aber ein klares Umdenken in der bisherigen Art, Soft Skills in den Firmen zu entwickeln.

Im Spagat der Erwartungen

Umdenken 1: Viele Trainings sind noch nach dem Motto konzipiert: Viel hilft viel. Die Arbeit mit der Transferstärke-Methode hat mir in den letzten Jahren eindrucksvoll vor Augen geführt, dass das Gegenteil richtig ist. Es gilt, Lern- und Veränderungsprozesse sehr stark zu fokussieren. Denn den meisten Teilnehmern gelingt es nicht, sich in vielen Punkten gleichzeitig zu verändern. Sie haben vielmehr genug damit zu tun, sich auf einen klar umrissenen Veränderungsschritt zu konzentrieren. Vor diesem Hintergrund machen die herkömmlichen verhaltensorientierten Seminare und Trainings wenig Sinn – gerade dann, wenn der Auslöser für ein Seminar ein eng umrissenes Problemfeld ist, an dem der Teilnehmer arbeiten möchte oder sollte. Denken Sie nur mal an einen Teilnehmer, der konfliktscheu ist und an zwei Tagen lernen soll, konfliktfreudig zu werden und die dazu gehörigen Gesprächstechniken zu erlernen. Viel besser wäre herauszufinden, welcher nächste konkrete Veränderungsschritt den Teilnehmer in seinem Alltag richtig weiterbringt und nur diesen ins Auge zu fassen. Dafür würde das neue Format des Transferstärke-Coachings ausreichen.

Viel hilft nur wenig

Umdenken 2: Sicherlich gibt es gute Gründe, Teilnehmer in ein- bis zweitägige Trainings, mehrmodulare Programme oder Blended-Learning-Formate zu entsenden. Sei es, um ihnen einen Überblick zu einem Themenfeld zu geben oder in der Dynamik der Gruppe zu lernen. Damit die Transfersicherung nun nicht zu kurz kommt, gibt es zwei Möglichkeiten: Sie kürzen im Sinne der gerade erwähnten Fokussierung den Anteil des Gruppentrainings, um die gesparte Zeit in die Transferstärke-Methode zu investieren. Oder Sie ergänzen das Training um ein Modul »Transferstärke-Methode«. Das ist dann

Fehlende Umsetzung kostet mehr Zeit

zwar auf den ersten Blick mehr Zeiteinsatz – doch diese Zeit ist gut investiert. Denn wenn der Teilnehmer nichts umsetzt, verliert die Firma Zeit: Zum einen Zeit, weil die Performance des Mitarbeiters nicht stimmt. Zum anderen Zeit, weil der Teilnehmer noch einmal in ein Training gehen muss, um nun endlich das zu lernen, wozu es bisher im Arbeitsalltag keine Verbesserung gab. Die Hoffnung ist also, dass ein weiteres Training schließlich die gewünschten Effekte bringt. Kurzum: Der Zeitverlust entsteht durch Wiederholungsschleifen, die sich aus mangelnder Umsetzung ergeben. Das fällt zwar zunächst genauso wenig auf, wie wenn Sie sich lange Zeit die Zähne nicht putzen. Aber irgendwann lacht Ihnen die Karies entgegen. Und dann tun die Zähne weh. Die Botschaft heißt also: Nicht mit der Transferförderung so lange warten, bis fehlende Kompetenzen richtig schmerzen.

Mangelnder Lerntransfer ist wie Karies

Gute Ansatzpunkte

Die Transferstärke-Methode verfolgt keinen 100-Prozent-Ansatz – nach dem Motto: Sie ist für alle gut und löst alle Probleme. Das kann sie nicht. Dafür ist das Thema Lerntransfer zu vielschichtig. Doch wenn die Methode für 30 Prozent der Teilnehmer genau das richtige Tool ist, dann wäre das in meinen Augen schon ein großer Schritt für mehr Umsetzung in den Firmen.

Ideal im Talentmanagement

Den größten Hebel hat mein Ansatz tatsächlich im Talentmanagement und bei Leadership-Programmen. Die Gesamtbetriebsratsvorsitzende einer Bank hat mir das einmal so begründet: Die Transferstärke-Methode sei in dieser beruflichen Phase ideal, weil sich die Mitarbeiter auf ständige Entwicklung und Veränderung im weiteren Verlauf des Berufslebens einstellen müssten. Deshalb sei es wichtig, die dazu erforderlichen Kompetenzen früh zu entwickeln – und nicht erst, wenn es kurz vor zwölf ist und z. B. dringende Change-Prozesse oder Umstrukturierungen anstehen.

Gleichzeitig sind Führungskräfte für die erfolgreiche Entwicklung ihrer Mitarbeiter zuständig. Indem gerade Nachwuchsführungskräfte die Transferstärke-Methode am eigenen Leib erfahren, werden sie mit den Grundlagen für erfolgreiche Selbstveränderung vertraut und können dieses Knowhow dann auch in der Mitarbeiterentwicklung einsetzen. Damit werden sie der Rolle des »Transfer Agent« gerecht, wie sie der Lerntransferforscher Reid Bates fordert. Die Führungskraft zeichnet sich durch eine nachhaltig wirksame, entwicklungsunterstützende und lernförderliche Führungsarbeit aus.

Doch losgelöst von Führungskräften hat sich die Transferstärke-Methode besonders bei den Teilnehmern bewährt, die an ihrer persönlichen Entwicklung interessiert sind. Sie finden die Standortbestimmung mithilfe der Transferstärke-Analyse nützlich, da ihnen meistens zwar bewusst ist, dass ihnen die Umsetzung von Lern- und Veränderungsimpulsen in der Praxis nicht so gut gelingt, sie aber nicht wissen, was sie genau dagegen tun können. Die Ergebnisse der Transferstärke-Analyse öffnen ihnen die Augen, wo sie aktiv ansetzen können, um ihren Transfererfolg zu steigern. Gerade bei transferschwachen Teilnehmern ist das eigene Transferstärke-Profil ein Anstoß für Veränderung, weil die schriftliche Darstellung der Ergebnisse eine persönliche Betroffenheit auslöst. Durch die Transferbegleitung mit Folgegesprächen können diese Risiken bei einem vergleichsweise überschaubaren Zeitaufwand überwunden werden.

An persönlicher Entwicklung interessiert

Hier eine kleine Auswahl von Teilnehmerstimmen:

Was Teilnehmer an der Transferstärke-Methode schätzen

- »Mir ist jetzt bewusst, dass ich an vielen kleinen Details arbeiten kann, damit der Lerntransfer klappt.«
- »Ich weiß nun, woran es liegt, dass die Dinge bei mir nicht so funktionieren, wie ich es gern hätte.«
- »Ich weiß genau, wo ich ansetzen muss, um meinen Umsetzungserfolg zu steigern. Ich kann jetzt bewusst an schwach ausgeprägten Aspekten arbeiten, und die Transferstärke-Tipps helfen mir dabei.«
- »Auch wenn ich das Ergebnis instinktiv wusste, hat es mich sehr motiviert, nun endlich aktiv zu werden, weil ich es klar schwarz auf weiß hatte.«
- »Ich habe mich dadurch als Mensch besser kennengelernt.«
- »Das schriftliche Profil kann ich immer wieder anschauen und nutzen.«
- »Mein Profil spiegelt gut die Wahrheit wider. Ein paar Punkte hatte ich gar nicht auf dem Schirm oder wäre nicht darauf gekommen, dass dies wichtig ist.«

Zusammenfassung

Alles in allem haben sich die folgenden Gründe als Argumente bewährt, um der Transferstärke-Methode den Weg in Unternehmen zu ebnen, die sich der Frage widmen, wie sie den Lerntransfer fördern können.

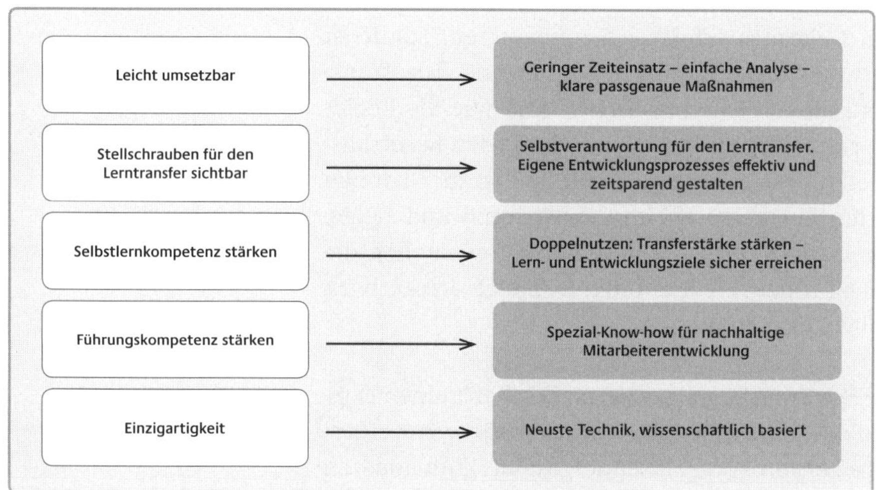

Abbildung 21: Fünf gute Gründe für die Transferstärke-Methode

Argumentationshilfen

Leicht umsetzbar: Der Fragebogen »Transferstärke-Analyse« ist leicht einsetzbar. Mit einem geringen Zeitaufwand bekommen die Teilnehmer ein klares Bild, wo sie passgenau ansetzen müssen, damit der Lerntransfer funktioniert. Als Trainer und Coach wissen Sie genau, was Ihre Teilnehmer an spezieller Unterstützung brauchen, damit die Umsetzung des Gelernten in die Praxis gelingt. Sie ermöglichen so einen maßgeschneiderten Entwicklungsprozess und sehen auch, ob Ihr Teilnehmer wirklich gewillt ist, an sich zu arbeiten und seine Lernziele umzusetzen. Der Zeitaufwand für den Einsatz der Transferstärke-Methode ist dabei schlank bemessen. Pro Gespräch mit dem Teilnehmer – also Auswertungsgespräch, Follow-up 1 und Follow-up 2 – fallen etwa 30 bis 45 Minuten an, die sich auf einen Zeitraum von insgesamt zwei bis drei Monaten verteilen. Dabei muss keiner reisen, sondern die Gespräche finden am Telefon als Training on the Job statt. In Summe ist das also eine Zeitinvestition von durchschnittlich zwei Stunden. Zwei Stunden pro Teilnehmer, die den Lerntransfer sichern und die Transferstärke stärken.

Wissen, wo Sie ansetzen müssen

Schlanker Zeitaufwand

Stellschrauben sichtbar: Die Teilnehmer haben in der Regel nicht das psychologische Know-how, um ihren Lern- und Veränderungserfolg optimal steuern zu können. Mit der Transferstärke-Methode bekommen sie die Stellschrauben an die Hand, auf welche Einstellungen und Selbststeuerungstechniken es ankommt, um Gelerntes erfolgreich umzusetzen. Somit ist ihnen ihre Selbstverantwortung für den Lerntransfer bewusst. Die Transferstärke-Tipps im Transferstärke-Auswertungsbericht sind wie die Regler eines Mischpults: Wer lernt, sie richtig zu bedienen, schafft den Lerntransfer besser. Immer vorausgesetzt, dass er auch will. Die Teilnehmer können somit ihre eigenen Entwicklungsprozesse effektiv, zeitsparend und zielgerichtet gestalten. Durch die Transferstärke-Analyse kommt zusätzlich die nötige emotionale Betroffenheit hinzu, an erkannten Risikofeldern aktiv zu arbeiten und die Stellschrauben auch zu nutzen.

Transferstärke-Tipps sind wie Regler eines Mischpults

Selbstlernkompetenz stärken: Die Transferstärke-Methode schafft einen Doppelnutzen: Zum einen lernen die Teilnehmer, ihre Transferstärke zu verbessern, und sind so für künftige Lernprozesse besser aufgestellt. Zum anderen nutzen sie das Wissen aus ihrem Transferstärke-Profil, um ihr aktuelles Lern- und Entwicklungsziel besser zu erreichen.

Führungskompetenz stärken: Gerade im Bereich der Führungskräftenachwuchsentwicklung hat die Transferstärke-Methode einen zusätzlichen Wert. Die Talente erfahren bei der Anwendung der Transferstärke-Methode am eigenen Beispiel, worauf es ankommt, um den Lerntransfer zu schaffen. Sie werden sich ihrer Rolle als Personalentwickler im Rahmen späterer Führungsfunktionen bewusst und erwerben frühzeitig das Know-how für nachhaltige Mitarbeiterentwicklung.

Nachhaltige Mitarbeiterentwicklung

Einzigartigkeit: Das Transferstärke-Modell basiert auf wissenschaftlicher Forschung und stellt eine neue und fundierte Technik im Zusammenhang mit Lerntransferförderung dar.

Und nun sind Sie an der Reihe. Ich würde mich sehr freuen, wenn Ihnen dieses Buch inspirierende Ideen und Impulse gegeben hat. Seien Sie Vordenker und Impulsgeber für neue Wege der Lerntransferförderung und setzen Sie die neuen Ansatzpunkte aus diesem Buch mit Engagement und Leidenschaft um. Und falls Sie Fragen, Feedback und Anregungen haben, freue ich mich sehr, von Ihnen zu hören.

Machen Sie etwas Schönes daraus

Nachwort: Online-Version der Transferstärke-Analyse

Automatischer Transferstärke-Report

Das Ziel dieses Buches ist, Ihnen eine praktikable Version der Transferstärke-Analyse an die Hand zu geben, die Sie gut in Ihrer Trainingspraxis einsetzen können. Neben der im Kapitel 3 dargestellten QuickCheck-Version gibt es aber auch einen Online-Fragebogen, der etwas umfangreicher und auch etwas anders gestaltet ist. Dieser resultiert aus der Entwicklung des Transferstärke-Modells. Nachdem die Teilnehmer ihn ausgefüllt haben, erstellt eine Software automatisch einen Transferstärke-Auswertungsbericht. Dies ist eine etwa 40-seitige PDF-Datei. Sie finden ein Beispiel für den Auswertungsbericht im Downloadbereich zu diesem Buch.

Ich lade Sie herzlich ein, den Online-Fragebogen selbst auszuprobieren und sich auf diese Weise ein Bild von dieser Online-Version zu machen. Nehmen Sie dazu gern Kontakt über meine Website auf.

Downloadmaterialien: Hinweise und Übersicht

Im Downloadbereich zu diesem Buch finden Sie die folgenden Materialien:

- QuickCheck-Version der Transferstärke-Analyse
  (PDF-Datei: QuickCheck Transferstärke)
- Vorlage Persönlicher Aktionsplan für den Teilnehmer. Darin sind alle Transferstärke-Tipps als Textbausteine enthalten.
  (Word-Datei: Aktionsplan mit Textbausteinen)
- Vorlage Lernziel und wichtigste To-dos, um Transferrisiken zu überwinden, indem die Transferstärke-Tipps befolgt werden. Beides füllen die Teilnehmer an Ende eines Trainings aus.
  (Word-Datei: Lernziel_Transferstärke_To-do)
- Vorlage für die Entwicklungsskala
  (Word-Datei: Entwicklungsskala)
- Vorlage Lernverlaufskurve
  (Word-Datei: Lernverlaufskurve)
- Vorlage zur Erstellung eines eigenen Rückfallplans.
  (PDF-Datei: Rückfallplan)
- Vorlage Partnerinterview zum Umsetzungserfolg
  (Word-Datei: Partnerinterview_Umsetzungserfolg)
- Vorlage Transferstärke-Gruppenprofil
  (Excel-Datei: Transferstärke-Gruppenprofil)
- Musterprofil Transferstärke Online-Version Langreport
  (PDF-Datei: Musterbericht Transferstärke)
- Musterprofi Transferstärke Online-Version Kurzreport
  (PDF-Datei: Musterbericht_kurz Transferstärke)
- Artikel zum wissenschaftlichen Background der Transferstärke-Methode
  (PDF-Datei: Wissenschaft hinter Transferstärke-Methode)
- Im Überblick: Testgüte-Kennzahlen zur Transferstärke-Analyse
  (PDF-Datei: Kennzahlen Transferstärke-Analyse)

Sie kommen zu den Materialien, indem Sie auf der Internetseite www.beltz.de direkt auf die Seite des Titels gehen, nach unten scrollen, »Online-Materialien« anklicken und folgendes Passwort eingeben: m.2VAWb%C7W8QV (Groß- und Kleinschreibung beachten). Dann können Sie die gewünschten Arbeitermaterialien öffnen und gegebenenfalls ausdrucken.

Die folgende Abbildung ist ein QR-Code zur Downloadseite. Diesen Code können Sie mit einem Smartphone oder Tablet einscannen und geraten dann direkt zur angegebenen Seite.

Literatur

Die hier dargestellte Literatur ist im Buch genannt oder dient zum Querverweis auf andere interessante Publikationen rund um das Thema Lerntransfer. Die von mir verfassten Artikel finden Sie größtenteils zum Download auf meiner Website unter »Publikationen«: www.transferstaerke.com.

Alke, M. (2008). Praxistransfer inklusive! Vom Schwachpunkt zum Erfolgsfaktor: *Transferphasen gezielt zum Aufbau sozialer Kompetenzen nutzen.* Bonn: managerSeminare.

Andreßen, P. & Konradt, U. (2007). Messung von Selbstführung: *Psychometrische Überprüfung der deutschsprachigen Version des Revised Self-Leadership Questionnaire.* In: Zeitschrift für Personalpsychologie (2007), 6, pp. 117–128.

Bates, R.A. (2003). Manager as Transfer Agents. In: *Elwood F.* Holton III & Timothy T. Baldwin (Eds.). Improving Learning Transfer in Organizations. San Francisco: Jossey-Bass. S. 243–270.

Besser, R. (2004). Transfer: *damit Seminare Früchte tragen.* Strategien, Übungen und Methoden, die eine konkrete Umsetzung in die Praxis sichern. 3. Aufl. Weinheim/Basel: Beltz.

Besser, R. (2010). Interventionen, die etwas bewegen. Weinheim/Basel: *Beltz.*

Buchhester, S. (2003). Bildungscontrolling. Der Einfluss von individuellen und organisationalen Faktoren auf den wahrgenommenen Weiterbildungserfolg. Hamburg: *Verlag Dr.* Kovač.

Buchhester, S. (2005). Proaktives Bildungscontrolling: *Per* M.E.N.T.A.L.-Test den Trainingserfolg vorhersagen und beeinflussen. In: Training aktuell 10 (2005), S. 17.

Buchhester, S. & Gloger, S. (2005). Den Trainingserfolg vorhersagen. In: *managerSeminare.* Das Weiterbildungsmagazin, 92 (2005), S. 18–22.

Deimann, M., Weber, B & Bastiaens, T. (2008). Volitionale Transferunterstützung (VTU) – Ein innovatives Konzept (nicht nur) für das Fernstudium. Herausgegeben vom Institut für Bildungswissenschaft und Medienforschung. Hagen.

Deimann, M. & Weber, B. (2009). Besser Wollen! Motiviert sein und motiviert bleiben für persönliche und berufliche Ziele; mit zahlreichen Übungen und Übungsvorlagen. 2. Aufl. Heidelberg: *Apertus.*

Furtner, M.R. & Sachse, P. (2011). Self-Leadership-Training. Wirksamkeitsprüfung mit qualitativ-quantitativer Methodenkombination. In: *Wirtschaftspsychologie, 2, S.* 102–111.

Gnefkow, T. (2008). Lerntransfer in der betrieblichen Weiterbildung: *Determinanten für den Erfolg externer betrieblicher Weiterbildung im Lern- und Funktionsfeld aus Teilnehmerperspektive.* VDM Verlag Dr. Müller.

Graf, N., Gramß, D. & Heister, M. (2016). Gebrauchsanweisung fürs lebenslange Lernen. Düsseldorf: *Vodafone Stiftung.*

Graf, N., Gramß, D. & Edelkraut, F. (2017). Agiles Lernen. Neue Rollen, Kompetenzen und Methoden im Unternehmenskontext. Freiburg: *Haufe.*

Gris, R. (2008). Die Weiterbildungslüge. Warum Seminare Kapital vernichten und Karrieren knicken. Frankfurt am Main: *Campus.*

Hentrey, M. & Rosomm, D. (2018). E-Learning Mastermind. Exzellenz ist kein Zufall, sondern … Düsseldorf: *eLearning Manufaktur.*

Hinrichs, A.-C. (2014.) Erfolgsfaktoren beruflicher Weiterbildung: *Eine Längsschnittstudie zum Lerntransfer.* Wiesbaden: Springer.

Houghton, J.D. & Neck, C.P. (2002). »The revised selfleadership questionnaire: *Testing a hierarchical factor structure for selfleadership*«. In: Journal of Managerial Psychology, Vol. 17 Issue: 8, pp. 672–691.

Hütter, F. & Lang, S.M. (2017). Neurodidaktik für Trainer. Trainingsmethoden effektiver gestalten nach den neuesten Erkenntnissen der Gehirnforschung. Bonn: *managerSeminare.*

Kauffeld, S. (2010). Nachhaltige Weiterbildung. Betriebliche Seminare und Trainings entwickeln, Erfolge messen, Transfer sichern. Heidelberg: *Springer.*

Kauffeld, S., Bates, R., Holton, E.F. III & Müller, A. (2008). Das deutsche Lerntransfer-System-Inventar (GLTSI): *psychometrische Überprüfung der deutschsprachigen Version.* In: Zeitschrift für Personalpsychologie, 7 (2), S. 50–69.

Keller, E. (2013). Nachhaltigkeit in Beratung und Training. Konzept und Methoden. Bonn: *managerSeminare.*

Koch, A. (2015). Gelerntes umsetzen lernen. Transferstärke Coaching. In: *managerSeminare.* Das Weiterbildungsmagazin. Ausgabe Juni 2015, Coaching, Beilage zu Heft 207, S. 4–9. Bonn: managerSeminare.

Koch, A. (2015). Speakers Corner: »*Führungskräfte stehlen sich aus Bequemlichkeit aus der Verantwortung.*« Axel Koch über misslungenen Lerntransfer. In: managerSeminare. Das Weiterbildungsmagazin. Ausgabe Juni 2015, Heft 207, S. 16–17. Bonn: managerSeminare.

Koch, A. (2015). Titelthema. 70-20-10-Wunschdenken. Zweifel an der Realitätsnähe der Bildungsformel. In: *wirtschaft + weiterbildung.* Das Magazin für Führung, Personalentwicklung und E-Learning. Ausgabe 05-2015, S. 18–25. Freiburg: Haufe.

Koch, A. (2016). Transferstärke-Coaching. In: *Claas Triebel, Jutta Heller, Bernhard Hauser, Axel Koch (Hrsg.).* Qualität im Coaching. Denkanstöße und neue Ansätze: Wie Coaching mehr Wirkung und Klientenzufriedenheit bringt: Heidelberg: Springer, S. 195–204.

Koch, A. (2017). Die transferstarke Führungspersönlichkeit – Hintergründe, Entwicklungsansätze und Fallbeispiele. In: *Corinna von Au (Hrsg.).* Entwicklung von Führungspersönlichkeiten und Führungskulturen: Holistische und nachhaltige Entwicklungsprogramme. Wiesbaden: Springer, S. 59–82.

Koch, A. (2017). Die Transferstärke-Methode. Lerntransfer sichern durch die Stärkung der Lern- und Veränderungsfertigkeit von Teilnehmern. In: *Tim Warszta & Janna Ehrlich (Hrsg.).* Herausforderungen begegnen – Lösungen gestalten. Praxisrelevanz und Interdisziplinarität der wirtschaftspsychologischen Forschung. Lengerich: Pabst Publishers, S. 126–137.

Koch, A. (2017). Lerntransfer. Wie Sie mit 10 Minuten Aufwand den Lerntransfer sicherstellen. Transferstärke-Methode statt »Happy Sheets«. In: *Frank Siepmann (Hrsg.).* Jahrbuch eLearning & Wissensmanagement 2017. Hagen im Bremischen: Siepmann Media, S. 16–21.

Koch, A. (2018). Transferstärke-Coaching. Selbstlernkompetenz fördern und Lerntransfer sichern. In: *Robert Wegener, Silvia Deplazes, Marianne Hänseler, Hansjörg Künzli, Stefanie Neumann, Annamarie Ryter, Wolfgang Widulle (Hrsg.).* Wirkung im Coaching. Göttingen: Vandenhoeck & Ruprecht, S. 117–131.

Kresse, A. (2014). Edutrainment. Besser, schneller, einfacher lernen im Unternehmen. Offenbach: *Gabal.*

Messer, B. (2016). Inhalte merk-würdig vermitteln. 2. Aufl. Weinheim/Basel: *Beltz.*

Porath, G. (2018). Mit einer App nebenbei zum Lerntransfer? In: *wirtschaft + weiterbildung, Ausgabe 4, S.* 34–37.

Ritter-Mamczek, B. & Lederer, A. (2015). Heiter weiter mit Transfermethoden. Wie Sie die erfolgreiche Umsetzung Ihrer Trainingsinhalte sichern. Berlin: *Schilling.*

Seidel, J. (2012). Transferkompetenz und Transfer. Theoretische und empirische Untersuchung zu den

Wirksamkeitsbedingungen betrieblicher Weiterbildung (Dissertation Mainz). Landau: *Verlag Empirische Pädagogik.*

Schmid, M. (2018). Messbar besser weiterbilden. In: *trend.* Das Wirtschaftsmagazin, Ausgabe 16-2018, S. 58.

Stieg, C. (2017). Erfolgsabhängige Trainerhonorar. In: *TRAiNiNG – das Magazin für Weiterbildung und HR-Management.* Ausgabe 5, S. 12–13.

Wagner, L. (2018). So werden Sie transferstark. Wie setze ich neu Gelerntes im Arbeitsalltag um. In: *ONE.* Magazin der REWE-Group vom 17.01.2018.

Weinbauer-Heidel, I. (2016). Transferförderung in der betrieblichen Weiterbildungspraxis. Warum transferfördernde Maßnahmen (nicht) implementiert werden. Heidelberg: *Springer.*

Weinbauer-Heidel, I. & Ibeschitz-Manderbach, M. (2016). Was Trainings wirklich wirksam macht. 12 Stellhebel der Transferwirksamkeit. Hamburg. Tradition.